AF452732

PRINCIPES

DE

MATHÉMATIQUES

1re PARTIE — ARITHMÉTIQUE

PAR M. L. CH.

TOULOUSE

VEUVE DIEULAFOY, IMPRIMEUR

rue des Chapeliers, 13.

—

1851

Si l'on veut s'en tenir aux questions les plus élémentaires, on pourra omettre les articles marqués d'une ★.

ARITHMÉTIQUE.

—

1. Les Mathématiques *sont la science des quantités.*

On appelle *quantité* ou *grandeur* tout ce qui peut augmenter ou diminuer.

L'*unité* est une grandeur quelconque prise arbitrairement ou dans la nature, pour servir de terme de comparaison à toutes les grandeurs de la même espèce.

Un *nombre* est le résultat de la comparaison d'une grandeur quelconque à son unité.

Un nombre *entier* est une unité ou l'assemblage de plusieurs unités de même espèce.

Une *fraction* est une partie de l'unité.

Un nombre *fractionnaire* est en général une fraction, ou un nombre entier réuni à une fraction.

Un nombre *concret* est celui que l'on énonce en désignant l'espèce de ses unités.

Un nombre *abstrait* est celui que l'on énonce sans désigner l'espèce de ses unités.

2. L'Arithmétique est la science des nombres ; elle a pour but d'établir des règles fixes et certaines pour effectuer toutes les opérations possibles sur les nombres.

CHAPITRE PREMIER.

—

NUMÉRATION.

3. La *numération* est la partie de l'Arithmétique qui enseigne à former les nombres, à les énoncer et à les écrire. La numération comprend ainsi trois parties : la formation des nombres, la numération parlée et la numération écrite.

Numération des Nombres entiers.

FORMATION DES NOMBRES ENTIERS.

4. Les nombres entiers se forment en ajoutant successivement l'unité à elle-même. Ainsi, en ajoutant une unité à une unité de même espèce, on forme un nombre ; en ajoutant une unité de plus, on forme un autre nombre, et ainsi de suite. Il résulte de là qu'il existe une infinité de nombres, puisqu'on peut indéfiniment ajouter l'unité.

NUMÉRATION PARLÉE.

5. La *numération parlée* a pour but d'énoncer tous les nombres avec un petit nombre de mots.

Les premiers nombres portent les noms suivants : *un* (c'est l'unité), *deux, trois, quatre, cinq, six, sept, huit, neuf.*

On les appelle unités du premier ordre ou unités simples.

En ajoutant une unité au nombre *neuf*, on a le nombre *dix*, qu'on regarde comme une nouvelle espèce d'unité appelée *dizaine*, et l'on compte depuis une jusqu'à neuf dizaines, en donnant à ces nombres de dizaines les noms suivants : *dix, vingt, trente, quarante, cinquante, soixante, soixante-dix, quatre-vingts, quatre-vingt-dix.* Ce sont les unités du second ordre.

Entre dix et vingt, vingt et trente, etc., il existe neuf nombres qu'on désigne en ajoutant les mots : *un, deux, trois*, etc., au nom des dizaines. Ainsi, l'on dit : *vingt-un*, *vingt-deux*, etc. Il y a exception pour *dix-un, dix-deux, dix-trois, dix-quatre, dix-cinq, dix-six*, qui s'énoncent ainsi : *onze, douze, treize, quatorze, quinze, seize*.

En ajoutant une dizaine à neuf dizaines, ou bien une unité au nombre quatre-vingt-dix-neuf, on a le nombre *cent*, qu'on regarde comme une nouvelle espèce d'unité appelée *centaine*, et l'on compte jusqu'à neuf centaines. Ce sont les unités du troisième ordre.

Les nombres compris entre deux centaines consécutives se désignent par le nom du nombre des centaines qu'ils contiennent, auquel on ajoute celui des dizaines et puis celui des unités simples ; seulement, en nommant les centaines, on dit, par abréviation, *cent*, au lieu de dire *centaine*.

En ajoutant une centaine à neuf centaines, ou une unité au nombre neuf cent quatre-vingt-dix-neuf, on a le nombre *mille* ou l'*unité de mille*, regardée comme l'unité du quatrième ordre.

Les nombres compris entre deux unités de mille consécutives se désignent en nommant les unités de tous les ordres inférieurs qu'ils contiennent.

De même, dix mille donnent une *dizaine de mille*, dix dizaines de mille une *centaine de mille*, et dix centaines de mille un *million* ou l'*unité de million*, unité du septième ordre.

Après le million comme après les mille, on compte par *dizaines* et par *centaines de millions*, et puis l'on passe aux *billions, trillions, quatrillions*, etc., qui ont des dizaines et des centaines comme les millions, les mille et les unités simples, et ainsi de suite.

Il résulte de ce qui vient d'être dit que :

1° Neuf mots suffisent pour exprimer les unités de chaque ordre.

2° Les différents ordres ont successivement une valeur de dix en dix fois plus forte.

3° L'ensemble de tous les ordres peut se partager en *ordres ternaires*, qui contiennent chacun des unités, des dizaines et des centaines. Le premier s'appelle *ordre des unités simples*, le second *ordre des mille*, le troisième *des millions*, le quatrième *des billions*, etc.

6. *Pour énoncer un nombre quelconque,* on énonce successivement les unités de chaque ordre en commençant par le plus fort ; seulement, au lieu de répéter après chaque espèce d'unité le nom de l'ordre auquel elle appartient, on se contente d'ajouter le mot *cent* après les centaines, de donner aux dizaines les dénominations connues, et d'indiquer, après les unités de chaque ordre ternaire, le nom qui convient à cet ordre. Exemple : le nombre qui contient quatre unités, trois dizaines, cinq centaines, deux mille, huit dizaines de mille, s'énonce : *quatre-vingt-deux mille cinq cent trente-quatre unités.*

NUMÉRATION ÉCRITE.

7. La *numération écrite* a pour but de représenter tous les nombres avec peu de caractères.

Puisque neuf mots suffisent pour exprimer les unités de chaque ordre, neuf caractères suffiront pour les représenter. On les appelle *chiffres significatifs* ou simplement *chiffres ;* les chiffres sont :

$$1 , 2 , 3 , 4 , 5 , 6 , 7 , 8 , 9.$$

Les ordres successifs ayant une valeur de dix en dix fois plus forte, il suffit, pour les représenter au moyen des chiffres, d'établir la convention qu'un chiffre placé à la gauche d'un autre exprime des unités de l'ordre immédiatement supérieur. C'est en cela que consiste notre *système décimal* de numération.

8. Un chiffre a donc une valeur *absolue* et une valeur *relative.* La première est la valeur du chiffre pris isolément ; la seconde est déterminée par le rang qu'il occupe.

9. Quand un nombre ne contient pas d'unités d'un certain ordre, afin que les chiffres gardent la place qui leur convient, on remplace les ordres qui manquent par le caractère suivant 0, appelé *zéro.*

10. *Pour écrire un nombre,* on écrit successivement les unités des différents ordres, en commençant par l'ordre le plus fort et en remplaçant par des zéros les ordres qui manquent. Exemple : le nombre cinq cent vingt-huit mille neuf cent quatre unités, s'écrit : 528904.

11. *Pour lire un nombre écrit en chiffres,* on le partage en tranches de trois chiffres en commençant par la droite, et on l'énonce comme il a été dit plus haut. Exemple : le nombre 4.560.782 s'énonce : quatre millions cinq cent soixante mille sept cent quatre-vingt-deux unités.

12. REMARQUE. — Le nombre qui indique combien un ordre est plus fort que le précédent, est dit : *base du système de numération.* La base de notre système est le nombre 10.

13. CONSÉQUENCES. — 1° Un ou plusieurs zéros placés à la gauche des nombres entiers n'en altèrent pas la valeur, parce que cette addition ne fait pas perdre aux chiffres le rang qu'ils occupent.

2° Pour rendre un nombre 10, 100, 1000... fois plus fort, il suffit de rendre toutes ses parties 10, 100, 1000... fois plus fortes, ce qui se fait en reculant ses chiffres d'un, deux, trois... rangs vers la gauche, ou en ajoutant un, deux, trois... zéros à la droite.

3° Pour rendre un nombre 10, 100, 1000... fois plus faible, il suffit d'avancer ses chiffres d'un, deux, trois... rangs vers la droite, ce qui se fait facilement en retranchant un, deux, trois... zéros, s'il y en a à la fin du nombre.

Nombres décimaux.

14. DÉFINITIONS. — Une *fraction décimale* est une ou plusieurs parties de l'unité divisée en parties successives de dix en dix fois plus petites.

On appelle en général *nombre décimal,* soit un nombre qui contient des entiers et une fraction décimale, soit seulement une fraction décimale.

Numération des Nombres décimaux.

FORMATION DES NOMBRES DÉCIMAUX.

15. On forme les nombres décimaux en divisant d'abord l'unité en dix parties, puis chacune de ces parties en dix autres parties, etc.

NUMÉRATION PARLÉE.

La dixième partie de l'unité porte le nom de *dixième*, la dixième partie du dixième s'appelle *centième*, parce que l'unité contient 10 fois 10 ou 100 de ces parties ; la dixième partie du centième s'appelle *millième* ; enfin, les autres parties successives portent le nom de *dix-millièmes, cent-millièmes, millionnièmes*, etc., etc. (Ce sont les noms des divers ordres d'unités en ajoutant la terminaison *ième*). On compte d'ailleurs chacun de ces divers ordres depuis un jusqu'à neuf, comme pour les nombres entiers.

NUMÉRATION ÉCRITE.

On peut, au moyen des chiffres, écrire les nombres décimaux de la même manière que les nombres entiers. De plus, d'après la convention qui rend dix fois plus petite la valeur d'un chiffre mis à la droite d'un autre, les dixièmes peuvent être placés à la droite des unités, les centièmes à la droite des dixièmes, etc., etc.; seulement, la partie entière d'un nombre doit être séparée de la partie décimale par une virgule. Si le nombre décimal ne contenait pas d'entiers, on mettrait un zéro qui en tînt la place. Ainsi, pour écrire 2 entiers, 4 dixièmes, 5 centièmes ou 45 centièmes, on écrit : 2,45.

Afin que chaque chiffre décimal se trouve à la place qui lui convient, il ne faut pas oublier de remplacer par des 0 les différents ordres qui peuvent manquer. Ainsi, une unité quatre millièmes, s'écrit : 1,004.

Pour lire un nombre décimal, on énonce d'abord le nombre qui précède la virgule, et puis celui qui est à droite, en ajoutant au dernier chiffre de celui-ci la dénomination des parties qu'il représente. Exemple : 235,0247, s'énonce : deux cent trente-cinq unités deux cent quarante-sept dix-millièmes.

16. Il résulte de ce qui vient d'être dit que :

1° Des zéros placés à la droite d'un nombre décimal n'en altèrent pas la valeur.

2° Pour rendre un nombre décimal 10, 100, 1000 fois plus fort, il suffit d'avancer la virgule d'un, deux, trois rangs vers la droite.

3o Pour rendre un nombre décimal 10, 100, 1000 fois plus faible, il suffit de reculer la virgule d'un, deux, trois rangs vers la gauche.

4o Un nombre entier devient 10, 100, 1000 fois plus faible, si on sépare sur la droite, au moyen de la virgule, un, deux, trois chiffres.

ADDITION.

17. DÉFINITION. — L'*addition* est une opération par laquelle on calcule un nombre appelé *somme*, qui contient à lui seul toutes les parties de plusieurs nombres donnés.

Addition des Nombres entiers.

18. MÉTHODE. — Pour faire cette opération, on écrit les nombres les uns au-dessous des autres, de manière que les unités d'un même ordre soient sur une même colonne verticale ; on souligne le tout, ensuite on ajoute successivement les chiffres qui composent chaque colonne en commençant par la colonne des unités simples ; si la somme est 9 ou moindre que 9, on l'écrit au bas ; si elle est plus forte, on écrit les unités et on retient les dizaines pour les additionner avec la colonne suivante, sur laquelle on opère comme sur celle des unités, et ainsi de suite.

Exemple. Soient à additionner les nombres 2450, 487, 1858.

$$
\begin{array}{r}
2450 \\
487 \\
1858 \\
\hline
\end{array}
$$

Somme.... 4795

REMARQUE. — Il suffit, pour faire l'addition, de savoir ajouter à un nombre un autre nombre d'un seul chiffre.

DÉMONSTRATION. — Il est évident que la somme contient toutes les parties de ces nombres, puisqu'on additionne séparément toutes ces parties.

On commence l'addition par la droite, parce que, si on la commençait par la gauche, chaque fois que l'addition d'une colonne donnerait des dizaines, ces dizaines devant s'ajouter aux unités de l'ordre supérieur, il faudrait modifier le chiffre trouvé précédemment, ce qui serait un inconvénient réel.

PREUVE.

19. La *preuve* d'une opération est une opération inverse par laquelle on vérifie l'exactitude de la première. A parler rigoureusement, l'exactitude n'est pas certaine d'une manière absolue, parce que, dans les deux opérations, on peut commettre des erreurs qui se compensent ; mais comme il y a bien peu de chance qu'il en soit ainsi, la preuve donne toujours une grande probabilité à la bonté du résultat.

20. MÉTHODE. — La preuve de l'addition se fait en additionnant les nombres dans un ordre différent, par exemple de bas en haut.

Exemple.   Preuve....   4795

2450
487
1858

Somme...   4795

DÉMONSTRATION. — Cette preuve repose sur ce principe évident, qu'une somme ne change pas, quel que soit l'ordre dans lequel on prend ses parties.

Addition des Nombres décimaux.

21. Elle se fait comme celle des nombres entiers , en ayant soin de placer au résultat une virgule sous la colonne des virgules.

Exemple. Soient à additionner les nombres 24,532 — 3,08 — 14,034.

24,532
3,08
14,034

41,646

SOUSTRACTION.

22. Définition. — La *soustraction* est une opération par laquelle, connaissant la somme de deux nombres et l'un de ces nombres, on cherche l'autre nombre appelé *reste, excès ou différence.*

Soustraction des Nombres entiers.

23. Méthode. — Pour faire la soustraction, on écrit le plus petit nombre sous le plus grand, de manière que les unités de même ordre soient dans une même colonne verticale, puis on souligne et on soustrait successivement les unités du plus petit nombre des unités du plus grand, les dizaines des dizaines, etc.

Si le chiffre inférieur est plus fort que le chiffre supérieur, on ajoute 10 à celui-ci, et l'on soustrait comme précédemment, seulement on retient *un* qu'on additionne avec le chiffre inférieur suivant ; on retranche cette somme du chiffre supérieur correspondant, et ainsi de suite.

Exemple. Soit à soustraire 145283 de 254836.

$$254836$$
$$145283$$

Reste.... 109553

Remarque. — Il suffit donc, pour faire la soustraction, de savoir retrancher d'un nombre un autre nombre d'un seul chiffre.

Démonstration. — Puisque le nombre supérieur est la somme du nombre inférieur et du reste, il contient toutes leurs unités, toutes leurs dizaines, toutes leurs centaines, etc. Il suffit donc, pour avoir le reste, de retrancher les unités du nombre inférieur de celles du nombre supérieur, les dizaines des dizaines, etc. Si un chiffre du nombre inférieur est plus fort que le chiffre du nombre supérieur, c'est que l'addition primitive de la colonne correspondante a fourni des unités représentées par le chiffre supérieur et une dizaine qui a été ajoutée à la colonne suivante ; il faut donc ajouter cette dizaine au chiffre le plus faible ; mais alors le chiffre suivant à gauche dans le nombre supérieur doit perdre cette dizaine retenue ou être plus faible d'une unité. Au lieu de diminuer ce chiffre, on ajoute une unité au chiffre inférieur correspondant, et le résultat est évidemment le même.

PREUVE.

24. La preuve de la soustraction se fait en additionnant le nombre inférieur avec le reste. Pour que l'opération soit bien faite, la somme doit évidemment être égale au nombre supérieur.

$$
\begin{array}{lr}
\text{Exemple.} & 234836 \\
& 145283 \\
\hline
\text{Reste....} & 109553 \\
\hline
\text{Preuve..} & 234836
\end{array}
$$

* PREUVE DE L'ADDITION PAR LA SOUSTRACTION.

25. MÉTHODE. — On fait la somme des chiffres de la première colonne à gauche, et on la retranche de la partie qui lui répond dans la somme totale ; on écrit au-dessous le reste, qu'on considère comme des dizaines, pour les joindre au chiffre suivant de la somme totale, et du nombre résultant on retranche la somme de la colonne suivante ; on continue ainsi jusqu'à la dernière colonne, qui doit donner un reste nul si l'opération est bien faite.

$$
\begin{array}{lr}
\text{Exemple du n° 18.} & 2450 \\
& 487 \\
& 1858 \\
\hline
& 4795 \\
\text{Preuve......} & 1110
\end{array}
$$

DÉMONSTRATION. Si l'on retranche successivement de la somme des nombres ajoutés toutes les parties de cette somme, il faut, si l'opération a été bien faite, que le reste soit nul. En additionnant les chiffres de la colonne des mille, et en retran-

chant la somme de la partie qui lui répond dans la somme totale, on trouve un reste qui provient de la retenue faite sur
la colonne des centaines dans l'addition primitive. On a donc
retranché de la somme totale la partie correspondante à la colonne des mille. De même, en faisant la somme de la colonne
des centaines, et en la retranchant du nombre écrit au bas,
augmenté des mille retenus, on a soustrait de la somme totale
la partie correspondante à la colonne des centaines. On raisonnerait de la même manière pour la colonne des dizaines et pour
celle des unités; seulement, la dernière soustraction ne doit
pas laisser de reste, puisque aucune retenue n'a pu influer sur
la somme primitive de la colonne des unités.

Soustraction des Nombres décimaux.

26. Elle se fait, comme celle des nombres entiers, en mettant
à la droite du nombre qui a le moins de décimales les zéros nécessaires pour qu'il y en ait autant dans les deux, et puis, en plaçant une virgule sous la colonne des virgules.

Exemple. Soit à soustraire 2,34 de 18,5.

$$18,50$$
$$2,34$$
$$\overline{}$$

Reste.... 16,16

MULTIPLICATION.

27. Définition. — La *multiplication* est une opération par
laquelle on calcule un nombre nommé *produit*, qui se compose
avec un nombre nommé *multiplicande*, comme un autre nombre nommé *multiplicateur* est composé avec l'unité.

Le multiplicande et le multiplicateur sont appelés : *facteurs
du produit*.

28. De cette définition il résulte que :

1o Le produit d'un nombre par l'unité est ce nombre lui-
même.

2o Si l'un des facteurs est nul, le produit est nul aussi.

3o Dans la multiplication des nombres entiers, le produit
contient le multiplicande répété autant de fois qu'il y a d'unités
dans le multiplicateur.

La multiplication revient donc, dans ce cas, à une addition, qui se ferait en écrivant le multiplicande autant de fois qu'il y a d'unités dans le multiplicateur. Mais si le multiplicateur était un peu considérable, cette addition serait impraticable, à cause de sa longueur ; on a donc dû chercher une méthode plus abrégée, qui consiste dans les règles suivantes.

Multiplication des Nombres entiers.

29. MÉTHODE. — *Premier cas.* — Quand le multiplicande et le multiplicateur n'ont chacun qu'un seul chiffre, le produit est donné par le tableau suivant appelé *table de Pythagore.*

1	2	3	4	5	6	7	8	9
2	4	6	8	10	12	14	16	18
3	6	9	12	15	18	21	24	27
4	8	12	16	20	24	28	32	36
5	10	15	20	25	30	35	40	45
6	12	18	24	30	36	42	48	54
7	14	21	28	35	42	49	56	63
8	16	24	32	40	48	56	64	72
9	18	27	36	45	54	63	72	81

Pour trouver, au moyen de cette table, le produit de deux nombres, on cherche un facteur dans la première bande horizontale, et en partant de ce nombre on descend verticalement jusqu'à ce qu'on soit vis-à-vis de l'autre facteur qui se trouve dans la première colonne verticale. Le nombre contenu dans la case correspondante est le produit.

Cas général. — On écrit d'abord le multiplicateur sous le multiplicande et on souligne, après quoi on commence l'opération par la droite, en multipliant successivement chaque chiffre du multiplicande par le premier chiffre du multiplicateur; on écrit les différents produits partiels au rang qui leur convient et sur une même ligne, en observant que si un produit contient des dizaines et des unités, on écrit les unités et on retient les dizaines pour les ajouter au produit suivant, dont on écrit les unités à gauche de celles du produit précédent, en retenant les dizaines, etc.

On multiplie ensuite successivement chaque chiffre du multiplicande par le second chiffre du multiplicateur; seulement, on a soin de reculer d'un rang vers la gauche les chiffres du produit. On multiplie ensuite par le troisième chiffre du multiplicateur, en reculant encore le produit d'un rang, et ainsi de suite. Quand tous les chiffres du multiplicateur sont épuisés, on additionne les produits partiels, et la somme est le produit demandé.

Exemple. Soit à multiplier 2456 par 347.

$$
\begin{array}{rl}
2456 & \text{multiplicande.} \\
347 & \text{multiplicateur.} \\
\hline
17192 & \\
9824 & \\
7368 & \\
\hline
852232 & \text{produit.}
\end{array}
$$

Cas particuliers. — Si l'un des deux facteurs ou les deux sont terminés par des 0, on fait la multiplication sans en tenir compte, en ayant soin de les ajouter au produit.

$$
\begin{array}{rl}
\text{Exemple.} & 3400 \\
& 5000 \\
\hline
& 17000000
\end{array}
$$

Si dans le multiplicateur il se trouve un ou plusieurs zéros entre deux chiffres significatifs, il est inutile de multiplier le multiplicande par 0, puisque le produit serait nul; seulement, on recule le produit suivant d'autant de places, plus une, qu'il y a de 0.

Exemple.

$$3429 \atop 2004$$

$$13716 \atop 685800$$

$$6871716$$

REMARQUE. — Pour faire une multiplication quelconque, il suffit donc de savoir multiplier un nombre d'un seul chiffre par un autre nombre d'un seul chiffre, ou de connaître la table de Pythagore.

DÉMONSTRATION. — Soit à multiplier 2456 par 347. Puisque le produit doit se composer avec le multiplicande comme le multiplicateur se compose avec l'unité, il faudra répéter toutes les parties du multiplicande 2456, ou bien ses 6 unités simples, ses 5 dizaines, ses 4 centaines, ses 2 mille, 347 fois, ou, ce qui revient au même, d'abord 7 fois, puis 40 fois, puis 300 fois. Les 6 unités simples du multiplicande répétées 7 fois donneront 42 unités simples ou 2 unités 4 dizaines ; on écrit les 2 unités ; les 5 dizaines, multipliées par 7, donneront 35 dizaines, qui, ajoutées aux 4 dizaines précédemment trouvées, donneront 39 dizaines ou 9 dizaines et 3 centaines ; il faut donc écrire ces 9 dizaines au second rang, et il suffit pour cela de les placer à la gauche des 2 unités du précédent produit ; de même, les 4 centaines du multiplicande, multipliées par 7, donneront 28 centaines, qui, ajoutées aux 3 centaines du produit précédent, donneront 31 centaines ou 1 centaine et 3 mille ; il suffit donc d'écrire 1 centaine à gauche des 9 dizaines, et ainsi de suite.

En second lieu, pour avoir le produit de 2456 par 40, je dis qu'il suffit de multiplier ce nombre par 4, et le produit obtenu par 10, ce qui revient à reculer tous les chiffres d'un rang vers la gauche. En effet, si on écrivait quarante fois le nombre 2456, on aurait 10 groupes qui contiendraient chacun quatre fois ce nombre, ou qui donneraient chacun une somme égale au produit de 2456 par 4. En répétant cette somme dix fois, ou en la multipliant par 10, on obtiendrait ensuite la somme totale, qui ne serait autre que le produit demandé. Il suffit donc, pour avoir ce produit, de multiplier 2456 par 4, et de reculer tous les chiffres d'un rang vers la gauche.

On démontrerait de la même manière que pour multiplier par 300, il suffit de multiplier par 3 et de reculer tous les chiffres de deux rangs.

La somme de ces produits partiels est évidemment le produit demandé. On raisonnerait d'une manière analogue pour des nombres plus considérables.

30. Il est très important d'observer que, dans les produits partiels du multiplicande par chacun des chiffres du multiplicateur, le premier chiffre à droite est du même ordre que celui par lequel on a multiplié.

PRINCIPES SUR LA MULTIPLICATION.

N. B. Nous emploierons dans ce qui suit quelques signes abréviatifs. Le signe $\times$ ou un point . placé entre deux nombres veut dire *multiplié par ;* le signe $=$ veut dire *égale.*

31. Le produit de plusieurs nombres ne change pas, dans quelque ordre qu'on effectue la multiplication.

Il suffit de prouver qu'on peut transposer deux facteurs consécutifs, parce que de cette manière un facteur quelconque pourra prendre successivement toutes les places.

Soit le produit :
$$2 \cdot 3 \cdot 4 \cdot 5 \cdot 6 \cdot 7.$$
Je dis qu'il est égal au produit de
$$2 \cdot 3 \cdot 5 \cdot 4 \cdot 6 \cdot 7,$$
dans lequel les facteurs 4 et 5 ont été permutés.

Faisons le produit 6 des premiers facteurs 2 et 3, et écrivons 5 lignes horizontales qui contiennent chacune 6, répété 4 fois, comme dans le tableau suivant :

$$
\begin{array}{cccc}
6 & 6 & 6 & 6 \\
6 & 6 & 6 & 6 \\
6 & 6 & 6 & 6 \\
6 & 6 & 6 & 6 \\
6 & 6 & 6 & 6
\end{array}
$$

Il est évident que de quelque manière qu'on fasse la somme des nombres qui sont dans ce tableau, si on les prend tous, le résultat sera le même. On peut faire, par exemple, cette somme de deux manières, savoir :

1° En prenant la ligne horizontale et la répétant 5 fois ;

2° En prenant la ligne verticale et la répétant 4 fois.

Or, en prenant la ligne horizontale, on a 6 répété 4 fois ou 6×4 ; et en répétant 5 fois cette ligne ou en la multipliant par 5, on a $6\times4\times5$. De même, la ligne verticale n'est autre chose que 6×5 ; et en la répétant 4 fois, on a : $6\times5\times4$. Donc, $6\times4\times5=6\times5\times4$.

Maintenant, si l'on multiplie ces deux produits égaux par les facteurs suivants 6 et 7, les résultats sont évidemment égaux, et en remplaçant 6 par 2×3, on a enfin :

$$2\times3\times4\times5\times6\times7=2\times3\times5\times4\times6\times7.$$

Cette démonstration contient le cas particulier du produit de deux facteurs, puisqu'on peut toujours supposer que le premier multiplie l'unité.

32. Si l'on rend le multiplicateur ou le multiplicande un certain nombre de fois plus grand ou plus petit, le produit est rendu le même nombre de fois plus grand ou plus petit.

En effet, d'abord si le multiplicateur est 2, 3, 4 fois plus grand, il contient 2, 3, 4 fois plus l'unité ; par conséquent, le produit contiendra 2, 3, 4 fois plus le multiplicande, ou il sera 2, 3, 4 fois plus grand. De même, si l'on rend le multiplicateur 2, 3, 4 fois plus petit, il contient 2, 3, 4 fois moins l'unité, et le produit contiendra 2, 3, 4 fois moins le multiplicande, ou sera 2, 3, 4 fois plus petit.

Si l'on fait subir une modification analogue au multiplicande, le produit est modifié dans le même rapport ; car, en mettant le multiplicateur à la place du multiplicande, ce qui est permis d'après le principe précédent, on peut raisonner comme ci-dessus.

Il résulte de là que : 1° si on rend un facteur un certain nombre de fois plus grand, et l'autre facteur un même nombre de fois plus petit, le produit ne change pas. En effet, il doit y avoir compensation.

2º Pour rendre un produit de plusieurs facteurs un certain nombre de fois plus grand ou plus petit, il suffit de rendre un de ses facteurs le même nombre de fois plus grand ou plus petit. On peut, en effet, placer ce facteur le dernier; il sera alors multiplicateur et l'on tombera dans le cas du principe énoncé.

3º Le produit de plusieurs facteurs ne change pas quand on rend un facteur quelconque un certain nombre de fois plus grand et un autre facteur le même nombre de fois plus petit; car, si l'on place ces deux facteurs les premiers, leur produit ne change pas, en les modifiant comme il a été supposé. Ce produit, multiplié par les autres facteurs, donnera donc le même résultat.

33. Pour multiplier un nombre par un produit de plusieurs facteurs, il suffit de multiplier successivement par ces facteurs. En effet, soit 5 à multiplier par 24; on a :

$$5 \times 24 = 24 \times 5. \text{ Or, } 24 = 2 \times 3 \times 4.$$

Donc, $$24 \times 5 = 2 \times 3 \times 4 \times 5.$$

Mais dans ce dernier produit on peut mettre 5 à la première place, ce qui donne :

$$5 \times 24 = 5 \times 2 \times 3 \times 4,$$

ou 5 multiplié successivement par les facteurs de 24.

34. On appelle *multiples* d'un nombre, les différents produits qu'on obtient en le multipliant par la suite des nombres entiers 1, 2, 3, etc.

PREUVE.

35. Elle se fait de plusieurs manières :

1º On renverse les facteurs, puis on fait la multiplication. Si le nouveau produit égale le premier, l'opération a été bien faite. C'est une application du principe du nº 31. Exemple. Preuve de l'exemple du cas général :

$$
\begin{array}{r}
347 \\
2456 \\
\hline
2082 \\
1735 \\
1388 \\
694 \\
\hline
852232
\end{array}
$$

2

2o On double un facteur ; puis on prend, s'il est possible, la moitié de l'autre et l'on multiplie ces nombres. Le nouveau produit doit égaler le premier ; c'est une application du no 32, 1o.

Exemple. Preuve du même exemple. (Cette preuve suppose qu'on connaît la division.)

$$1228$$
$$694$$
$$\overline{}$$
$$4912$$
$$11052$$
$$7368$$
$$\overline{}$$
$$852232$$

3o *Preuve par 9.*—On additionne successivement les chiffres du multiplicande, en diminuant chaque somme partielle de *neuf*, à mesure que cela est possible. On fait la même chose par rapport au multiplicateur ; on multiplie les deux résultats, on fait la somme des chiffres de ce produit, et, s'il y a lieu, on retranche neuf de cette somme. Si le reste est égal au résultat qu'on obtient en opérant sur le produit comme sur les facteurs, l'opération a été bien faite.

$$2456$$
$$347$$

8 | 4 $$\overline{}$$
$$\overline{5\ |\ 4}$$ 17192
           9824
           7368
         $$\overline{}$$
         852232

4o Quand on connaît la division, on divise le produit par un facteur. Si l'on obtient pour quotient l'autre facteur sans reste, l'opération est bien faite.

Multiplication des Nombres décimaux.

36. MÉTHODE. — La multiplication des nombres décimaux se fait, comme celle des nombres entiers, sans avoir égard à la

virgule ; seulement, dans le résultat, on sépare par la virgule autant de chiffres décimaux qu'il y en a dans les deux facteurs.

Exemple. Soit à multiplier 3,45 par 2,8.

$$
\begin{array}{r}
3,45 \\
2,8 \\
\hline
2760 \\
690 \\
\hline
9,660
\end{array}
$$

DÉMONSTRATION. — Soit l'exemple précédent. En supprimant la virgule dans le multiplicande, on l'a rendu 100 fois plus grand; donc, le produit sera 100 fois plus grand qu'il n'aurait été (32). En la supprimant dans le multiplicateur, celui-ci devient 10 fois plus grand; donc, le produit est rendu 10 fois plus grand encore. Il est donc, en définitive, 10 fois 100 fois, ou 1000 fois trop fort. Pour le rétablir dans sa véritable valeur, il faut, par conséquent, le rendre 1000 fois plus petit, ou séparer 3 chiffres par la virgule.

DIVISION.

37. DÉFINITION. — La *division* est une opération par laquelle, connaissant un produit nommé *dividende* et un de ses facteurs nommé *diviseur*, on se propose de trouver l'autre facteur nommé *quotient*.

38. De cette définition, il résulte que :

1° Le quotient d'un nombre divisé par lui-même est l'unité.

2° Le quotient d'un nombre divisé par l'unité est ce nombre lui-même.

3° Quand le diviseur est un nombre entier, on peut regarder la division comme ayant pour but de partager un nombre en parties égales ; le diviseur indique en combien de parties on a à partager le dividende : le quotient est une de ces parties.

4° La division des nombres entiers est une soustraction abrégée. En effet, on a vu (28) qu'un produit de nombres entiers se compose du multiplicande répété autant de fois qu'il y a d'unités dans le multiplicateur. Si donc on retranche successive-

ment le diviseur du dividende, le nombre des soustractions indiquera le nombre des unités du quotient ou le quotient lui-
même ; mais cette manière d'opérer serait trop longue , et l'on
a dû rechercher une méthode plus rapide qui va être déve-
loppée.

Division des Nombres entiers.

39. 1er *Cas.* — Division d'un nombre d'un ou de deux
chiffres par un nombre d'un chiffre.

MÉTHODE. — Il suffit de connaître la table de multiplication.

Pour trouver le quotient au moyen de cette table , on cherche le diviseur dans la bande supérieure , et l'on descend verticalement jusqu'à ce qu'on trouve le dividende ou le nombre
immédiatement plus faible ; de là , on recule horizontalement
jusqu'à la dernière case , qui contient le quotient demandé.

Exemple. Le quotient de 35, divisé par 7, est 5 , parce que
$7 \times 5 = 35$. Le quotient de 37 par 7 est 5 , avec un reste 2.

On verra plus tard comment on peut évaluer ce reste.

40. *Cas général.* — MÉTHODE. — Pour faire cette opération,
on écrit d'abord le diviseur à la droite du dividende en les séparant par un trait vertical ; le quotient s'écrit au-dessous du diviseur, qui en est aussi séparé par un trait horizontal; on prend
sur la gauche du dividende autant de chiffres qu'il en faut pour
contenir le diviseur. Le plus grand multiple du diviseur contenu dans cette partie donne le premier chiffre à gauche du
quotient. On l'obtient par tâtonnement en ne prenant que le
premier chiffre du diviseur, négligeant les autres et un pareil
nombre sur la droite du dividende partiel, et divisant ce qui
reste à gauche de ce dividende par le premier chiffre du diviseur ; on retranche du dividende partiel le produit du diviseur
par le premier chiffre du quotient ainsi obtenu. Si la soustraction ne peut se faire, c'est une preuve que le chiffre du quotient
est trop fort et il faut diminuer le chiffre ; si le reste est plus
fort que le diviseur, le chiffre placé au quotient est trop faible et
il faut l'augmenter. Après cela, on écrit le chiffre suivant du dividende à la droite du reste, et l'on a un second dividende partiel , sur lequel on opère comme sur le premier en plaçant le
quotient à la droite du chiffre précédemment obtenu; on con-

tinue de la même manière jusqu'à ce qu'on 'ait abaissé tous les chiffres du dividende total. Si l'un des dividendes partiels ne contient pas le diviseur, cela veut dire que le quotient n'a pas d'unités de l'ordre du chiffre abaissé, et l'on met 0 au quotient pour en tenir lieu. Lorsque la dernière soustraction ne laisse pas de reste, on dit que le dividende contient le diviseur un nombre entier de fois, ou que le dividende est divisible par le diviseur.

Exemple.
$$
\begin{array}{r|l}
852232 & 2456 \\
7368 & \overline{\quad\ 347} \\
\hline
11543 & \\
9824 & \\
\hline
17192 & \\
17192 & \\
\hline
00000 &
\end{array}
$$

REMARQUES. — 1° Pour faire la division, il suffit donc de savoir diviser un nombre d'un ou deux chiffres par un nombre d'un seul chiffre, ou de connaître la table de Pythagore.

2° Au lieu de poser sous chaque dividende partiel le produit du diviseur par le chiffre correspondant du quotient, on peut faire à la fois la multiplication et la soustraction de la manière suivante. Après avoir multiplié le premier chiffre à droite du diviseur par le chiffre du quotient, on ajoute au premier chiffre à droite du dividende partiel autant de dizaines qu'il en faut pour que le produit puisse être retranché; on retient ensuite ces dizaines qu'on ajoute au second produit, puis on soustrait ce produit ainsi modifié du chiffre suivant dans le dividende partiel, auquel on ajoute un nombre suffisant de dizaines, et ainsi de suite.

Exemple.
$$
\begin{array}{r|l}
852232 & 2456 \\
11543 & \overline{\quad\ 347} \\
17192 & \\
0000 &
\end{array}
$$

3° Lorsque le diviseur est un nombre d'un seul chiffre, on abrège souvent l'opération de la manière suivante.

Soit à diviser 74363 par 9. On dispose le calcul comme ci-dessous, et l'on dit : le neuvième de 74 est 8 pour 72, reste 2

qui valent 20, et 3 font 23 ; le neuvième de 23 est 2 pour 18,
reste 5 qui valent 50, et 6 font 56 ; le neuvième de 56 est 6
pour 54 , reste 2 qui valent 20, et 3 font 23 ; le neuvième de
23 est 2 pour 18, reste 5.

Dividende..   74363 | 9   Diviseur.
               8262 |——
Reste...   5

DÉMONSTRATION. — Le premier cas est évident.

Cas général.—Soit l'exemple n° 40. Puisque le dividende est
le produit du diviseur par le quotient, il contient tous les produits partiels du diviseur par chacun des chiffres du quotient.
Le produit du diviseur par les plus hautes unités du quotient
ne peut se trouver que dans la partie à gauche du dividende
qui contient le diviseur, ou dans 8522. Ce nombre représentant
des centaines , il en résulte que les plus hautes unités du quotient seront des centaines (30). Le nombre 8522 se compose
de deux parties : 1° du produit du diviseur par le premier
chiffre du quotient; 2° des centaines qui proviennent des
autres produits. Or, le nombre de ces centaines est toujours
moindre que le diviseur ; car, pour avoir autant de centaines
qu'il y a d'unités dans le diviseur, il faudrait multiplier celui-ci
au moins par une centaine. Ainsi, le produit primitif du diviseur par les chiffres des dizaines et des unités du quotient n'a
pu donner qu'un nombre moindre de centaines; par conséquent,
le plus grand multiple du diviseur 2456 contenu dans le dividende partiel 8522, donnera le premier chiffre 3 du quotient.
En multipliant le diviseur par ce chiffre et retranchant le produit du dividende partiel , le reste 1154 , si on écrit à sa droite
le chiffre suivant 3 du dividende , fournit un second dividende
partiel 11543 , sur lequel on peut raisonner comme sur le
premier.

Un chiffre placé au quotient est trop fort quand on ne peut
faire la soustraction , puisque alors le dividende partiel ne contiendrait pas le produit du diviseur par le chiffre correspondant
du quotient; ce chiffre est trop faible quand le reste n'est pas
moindre que le diviseur, puisque dans ce cas on n'a pas pris
dans le dividende partiel le plus grand multiple du diviseur.

Si à la fin de l'opération on a un reste , cela prouve que le
dividende n'est pas le produit du diviseur par le nombre entier

qui est au quotient. Celui-ci contient une fraction que nous apprendrons plus tard à apprécier.

Principes sur la Division.

Nota. Le signe suivant : veut dire *divisé par.*

41. *Si on rend le dividende un certain nombre de fois plus grand ou plus petit sans toucher au diviseur, le quotient est rendu le même nombre de fois plus grand ou plus petit.* En effet, puisque le diviseur multiplié par le quotient doit reproduire le dividende, si celui-ci est un nombre de fois plus grand ou plus petit, il faut que l'un des facteurs soit le même nombre de fois plus grand ou plus petit (32). Or, le diviseur reste le même ; c'est donc le quotient qui sera modifié.

Si on rend le diviseur un certain nombre de fois plus grand ou plus petit sans toucher au dividende, le quotient est rendu le même nombre de fois plus petit ou plus grand. En effet, puisque la multiplication du diviseur par le quotient doit reproduire le dividende, si celui-ci reste le même, tandis qu'un facteur est rendu un certain nombre de fois plus grand ou plus petit, il faut que l'autre facteur soit modifié en sens inverse. (32, 1re conséq.)

Les deux principes qui précèdent peuvent se résumer ainsi : *le quotient croît et décroît en raison directe du dividende et en raison inverse du diviseur.*

Conséquences. — 1° *Lorsqu'on multiplie ou qu'on divise le dividende et le diviseur par un même nombre, le quotient reste le même.* En effet, par rapport au quotient, l'opération faite sur le diviseur détruit celle qui a été faite sur le dividende ; le quotient ne doit donc pas changer.

2° *Quand le dividende et le diviseur sont terminés par des 0, on peut en supprimer le même nombre sur la droite de l'un et de l'autre sans altérer le quotient,* parce que le dividende et e diviseur sont ainsi divisés par un même nombre.

★ 42. *Lorsqu'on multiplie le dividende et le diviseur par un certain nombre et qu'on divise les produits l'un par l'autre, le quotient ne change pas, mais le reste est multiplié par ce nombre.* En effet, le dividende peut être considéré comme composé de deux parties : 1° du produit du diviseur par le quotient ; 2° du reste. Si l'on multiplie le dividende par un nombre, ces deux parties seront multipliées par le même nombre : la première l'a été en multipliant le diviseur ; la seconde ou le reste est donc aussi multipliée par le nombre.

43. *Pour diviser un nombre par le produit de plusieurs facteurs, il suffit de diviser successivement par chaque facteur.* En effet, on a pu primitivement, pour former le dividende, multiplier successivement le quotient par les facteurs du diviseur. Donc, en faisant l'inverse ou en divisant successivement par chaque facteur du diviseur, on revient au nombre d'où l'on était parti dans la multiplication, c'est-à-dire au quotient.

44. *Lorsque le dividende et le diviseur sont décomposés en facteurs, si tous les facteurs du diviseur se trouvent dans le dividende, on obtient le quotient en supprimant dans le dividende les facteurs du diviseur ;* c'est une conséquence des articles précédents.

Exemple. Le quotient de $2 \times 3 \times 4 \times 5 \times 6$, divisé par $4 \times 5 \times 6$, est 2×3.

Un nombre est donc divisible par un autre quand il en contient tous les facteurs.

45. Quand un nombre divise exactement un autre nombre, on l'appelle *diviseur*, *facteur* ou *sous-multiple* de ce nombre.

PREUVE.

46. Elle se fait en multipliant le diviseur par le quotient, et en ajoutant le reste au produit ; il est évident que si le résultat de cette opération est égal au dividende, la division a été bien faite.

Exemple. Preuve du n° 40.

$$
\begin{array}{r}
2456 \\
347 \\
\hline
17192 \\
9824 \\
7368 \\
\hline
852232
\end{array}
$$

Preuve par 9. — On retranche du dividende le reste de la division, et l'on vérifie ensuite si le résultat de la soustraction est le produit du diviseur par le quotient, d'après la règle du n° 35.

Exemple.

```
                 449777 | 3627
  0 | 0           08707 | ——
  ——                14537 | 124
  7 | 0              0029
```

Division des Nombres décimaux.

47. Méthode. — Elle se fait comme celle des nombres entiers; seulement, avant de commencer l'opération, on ajoute à celui des deux nombres donnés qui a le moins de décimales les zéros nécessaires pour qu'il y en ait autant dans les deux ; puis, on fait l'opération comme s'il n'y avait pas de virgule.

Exemple. Soit à diviser 11,2 par 2,24.

```
  1120 | 224
  000  | ——
         5
```

Démonstration. — D'abord, on sait que les zéros ajoutés à la droite d'un nombre décimal n'en changent pas la valeur (16). D'ailleurs, la suppression de la virgule dans le dividende et le diviseur n'altère pas le quotient, puisque le dividende et le diviseur se trouvent ainsi multipliés par un même nombre (41, 1re conséq.).

Approximation d'un Quotient en décimales.

APPROXIMATION A MOINS D'UNE UNITÉ D'UN CERTAIN ORDRE DÉCIMAL.

48. Méthode. —Pour approcher de la valeur d'un quotient à moins d'une unité d'un ordre décimal déterminé , après avoir terminé la division : 1° on ajoute au dividende autant de zéros qu'on veut de décimales ; 2° on place une virgule à la suite des entiers du quotient, et l'on continue la division comme à l'ordinaire.

Exemple. Le quotient 136 : 43 à moins d'un centième près, est 3 entiers 16 centièmes.

$$
\begin{array}{c|l}
136 & 43 \\
070 & \overline{} \\
270 & 3,16 \\
12 &
\end{array}
$$

DÉMONSTRATION. — Soit l'exemple ci-dessus. Je dis d'abord qu'on aura des centièmes au quotient. En effet, en ajoutant deux zéros au dividende 136, on a deux dividendes partiels de plus, parce qu'on peut abaisser successivement deux chiffres. On obtiendra donc deux nouveaux chiffres au quotient; mais le dividende ayant été multiplié par 100 à cause de l'addition de deux zéros, le quotient est cent fois trop fort ; pour lui rendre sa véritable valeur, il faut donc le diviser par 100, ou séparer par la virgule ses deux derniers chiffres qui détermineront ainsi des centièmes.

De plus, la partie décimale négligée donne une erreur moindre qu'un centième. En effet, s'il en était autrement, le dernier dividende partiel contiendrait le diviseur au moins une fois de plus ou de moins, ce qui n'a pas lieu, puisque dans le premier cas le reste serait plus grand que le diviseur, et que dans le second cas la soustraction ne pourrait se faire.

APPROXIMATION A MOINS D'UNE DEMI-UNITÉ D'UN CERTAIN ORDRE DÉCIMAL.

49. MÉTHODE. — Pour approcher de la valeur d'un quotient à moins d'une demi-unité d'un ordre décimal déterminé : 1° on ajoute au dividende autant de zéros, plus un, qu'on veut de décimales ; 2° on place une virgule après les entiers du quotient et l'on continue la division. Il peut se présenter trois cas :

1° Si le dernier chiffre trouvé est plus faible que 5, on le supprime, et la partie restante est le quotient demandé.

2° Si le dernier chiffre est plus fort que 5, on le supprime encore, mais on ajoute une unité au chiffre décimal précédent, ce qui s'appelle *forcer* ce chiffre.

3° Quand le dernier chiffre est 5, on regarde si la division laisse un reste ; dans ce cas, on force encore le chiffre précédent.

Exemple. Le quotient de 136 divisé par 43 à moins d'un demi-centième, est 3 entiers 16 centièmes.

Celui de 47, divisé par 110, est 0 entier 43 cent.

$$
\begin{array}{ll|l}
136 & & 43 \\
070 & & \overline{} \\
270 & & 3,16 \\
12 & &
\end{array}
\qquad
\begin{array}{ll|l}
470 & & 110 \\
300 & & \overline{} \\
800 & & 0,427 \\
30 & & 0,43
\end{array}
$$

DÉMONSTRATION. — La moitié d'une unité d'un ordre décimal quelconque est égale à 5 unités de l'ordre inférieur suivant. Ainsi, la moitié de 1 centième est 5 millièmes, parce que 1 centième vaut 10 millièmes ; par conséquent, si le chiffre qui suit la dernière décimale demandée est moindre que 5, la partie négligée est plus petite qu'une demi-unité de l'ordre supérieur ; et en supprimant ce chiffre, on a un quotient approché *par défaut*.

Si, au contraire, le chiffre qu'on supprime est plus fort que 5, comme dans le second exemple où il est 7, il s'en faut seulement de 3 unités de cet ordre pour avoir une unité de l'ordre supérieur. En ajoutant une unité au chiffre précédent, on le rend trop fort de 3 unités de l'ordre qui suit ; il n'est donc pas trop fort d'une demi-unité de cet ordre. Dans ce cas, on dit que le quotient est approché *par excès*.

Si le chiffre qu'on supprime est 5, il semble d'abord qu'on ne puisse avoir l'approximation dont il s'agit, puisqu'en négligeant ce chiffre, on approcherait du quotient par excès ou par défaut d'une demi-unité de l'ordre demandé. Cela a effectivement lieu quand la division qui donne 5 au quotient ne laisse pas de reste ; mais, s'il y a un reste, on trouverait en continuant la division d'autres chiffres au quotient, et alors la partie décimale qui suivrait le chiffre de l'ordre demandé serait plus grande qu'une demi-unité de cet ordre. On peut donc encore, dans ce cas, forcer le chiffre précédent ; le quotient a l'approximation désirée.

N. B. Quelquefois, on dit : *calculer un quotient à un dixième, à un centième.... à un demi-dixième, à un demi-centième près*, au lieu de dire : *à moins d'un dixième, etc., près ; à moins d'un demi-dixième, etc., près ;* mais cette dernière expression doit être préférée, parce qu'elle est plus exacte.

CHAPITRE DEUXIÈME.

—

PROPRIÉTÉS DES NOMBRES.

Caractères de divisibilité.

Nota. Le signe $+$ veut dire *plus ;* c'est le signe de l'addition, et le signe $-$ veut dire *moins ;* c'est le signe de la soustraction.

50. PRINCIPES. — *Tout nombre qui en divise plusieurs autres divise aussi leur somme.*

Soient les nombres 10, 15, 20 divisibles séparément par 5. Je dis que leur somme $10+15+20$, ou 45, est divisible par 5. En effet, 45 doit contenir 5 autant de fois qu'il est contenu dans tous les nombres donnés. Or, 10 contient 5 deux fois, 15 le contient trois fois, 20 quatre fois ; donc, 45 contient 5 $2+3+4$ fois, c'est-à-dire 9 fois, ou est divisible par 5.

Le même raisonnement s'appliquerait à d'autres nombres.

51. *Tout nombre qui en divise un autre divise aussi ses multiples.* C'est une conséquence du principe qui précède; car, un multiple d'un nombre n'est autre chose que la somme qu'on obtiendrait en ajoutant plusieurs fois ce nombre à lui-même. (28, 3°).

52. 3° *Tout nombre qui en divise deux autres divise aussi leur différence.*

Soient les nombres 25 et 10 divisibles séparément par 5. Je dis que leur différence 25—10 ou 15 est divisible par 5. En effet, 15 doit contenir 5 le nombre de fois qu'il est contenu dans 25, moins le nombre de fois qu'il est contenu dans 10, c'est-à-dire 5 fois moins 2 fois ou 3 fois. Ainsi, 15 est divisible par 5.

Le même raisonnement s'appliquerait à d'autres nombres.

53. *Un nombre est divisible par 2 quand il est terminé par l'un des chiffres* 2, 4, 6, 8 *ou* 0. En effet, tout nombre de plus d'un chiffre peut se décomposer en deux parties : en dizaines et en unités. Les dizaines sont toujours divisibles par 2, parce que 10 est un multiple de 2 ; il suffit donc que les unités le soient aussi, ce qui a eu lieu quand le chiffre des unités est 2, 4, 6, 8. Si le nombre est terminé par un 0, il est divisible par 2, parce qu'il ne contient que des dizaines.

Tout nombre divisible par 2 est pair ; tout nombre terminé par un des chiffres 1, 3, 5, 7, 9 est impair.

54. *Un nombre est divisible par 3 quand la somme de ses chiffres est 3 ou un multiple de* 3. En effet, une unité d'un ordre quelconque est égale à un multiple de 3 plus 1 ; car, si l'on en retranchait un, le reste n'étant composé que de chiffres 9 serait un multiple de 3, puisque 9 est un multiple de 3. De même, 2, 3.... unités d'un ordre quelconque sont égales à un multiple de 3 augmenté de 2, 3.... ; par conséquent, un nombre quelconque sera égal à une somme de multiples ou à un multiple de 3 augmenté de la somme de ses chiffres. Si donc cette somme est divisible par 3, le nombre donné sera divisible par 3.

55. *Un nombre est divisible par 4 quand le nombre représenté par ses deux derniers chiffres est un multiple de 4 ou 0.* En effet, tout nombre de plus de deux chiffres peut être décomposé en centaines et en unités. Les centaines sont toujours divisibles par 4 ; il suffit donc que la deuxième partie soit nulle ou divisible par 4.

56. *Un nombre est divisible par 5 quand il est terminé par 5 ou 0.* La démonstration est la même que celle du n° 52.

57. *Un nombre est divisible par 6 quand il est divisible par 3 et par 2.* En effet, il est évident qu'un tel nombre sera divisible par 6, si, en le divisant par 3, on obtient un quotient pair. Or, il en est ainsi ; car si le quotient était impair, en le multipliant par 3, on ne retrouverait pas le même nombre, mais, comme il est facile de s'en assurer, on obtiendrait un nombre impair.

58. *Un nombre est divisible par 8 quand le nombre représenté par ses trois derniers chiffres est un multiple par 8 ou 0.*

En effet, tout nombre de plus de trois chiffres peut se décomposer en unités de mille, qui sont toujours divisibles par 8, et en unités simples; il suffit donc que cette dernière partie soit divisible par 8 ou nulle.

59. *Un nombre est divisible par 9 quand la somme de ses chiffres est un multiple de 9.* En effet, une unité d'un ordre quelconque est égale à un multiple de 9 plus 1; car, si l'on en retranchait une unité simple, le reste n'étant composé que d'un certain nombre de chiffres, 9 serait un multiple de 9; de même, 2, 3.... unités d'un ordre quelconque sont égales à un multiple de 9 augmenté de 2, 3.... ; par conséquent , un nombre quelconque sera égal à une somme de multiples ou à un multiple de 9 augmenté de la somme de ses chiffres. Si donc cette somme est un multiple de 9, le nombre donné sera un multiple de 9.

Le reste de la division par 9 sera donc le même que celui de la division de la somme de ses chiffres par 9.

60. *Lorsqu'on divise par 9 les deux facteurs d'un produit et que l'on multiplie les deux restes entr'eux, le produit de ces restes est égal au reste du produit des facteurs divisé par 9.* En effet, soient les nombres 32 et 57 ; on a $32 = 9.3 + 5$, $57 = 9.6 + 3$. Or, multiplier 32 par 57, ce n'est autre chose que multiplier 9.3 et 5 d'abord par 9.6, et puis par 3 ; ce qui donne pour résultat $9.3.9.6 + 5.9.6 + 9.3.3 + 5.3$. Les trois premiers produits sont évidemment des multiples de 9 ; le quatrième est le produit des restes des facteurs ; donc, le reste de la division du produit par 9 est égal au produit des restes des facteurs divisés par 9.

Si, au lieu de diviser par 9, on divisait par un autre nombre, on ferait une démonstration analogue. Le principe est donc général.

Théorie du plus grand commun Diviseur.

61. On appelle *plus grand commun diviseur à plusieurs nombres*, le plus grand nombre qui divise à la fois les nombres donnés.

RECHERCHE DU PLUS GRAND COMMUN DIVISEUR DE DEUX NOMBRES.

62. MÉTHODE. — Pour trouver le plus grand commun diviseur de deux nombres, on divise le plus grand par le plus petit ; puis le plus petit par le reste de la division ; puis encore ce reste par celui de la deuxième division ; on continue ainsi jusqu'à ce qu'on arrive à un reste nul. Le dernier diviseur est le plus grand commun diviseur cherché.

Exemple. Le plus grand commun diviseur de 48 et 18 est 6. On dispose l'opération de la manière suivante :

2	1	2	
48	18	12	6
12	6	0	

DÉMONSTRATION. — Soit l'exemple ci-dessus. Le plus grand commun diviseur de 48 et 18 ne saurait surpasser 18, mais il pourrait être 18. On est donc amené à diviser 48 par 18. 48 contient 18 deux fois, plus un reste 12. 18 n'est donc pas le plus grand commun diviseur. Je dis maintenant que le plus grand commun diviseur de 48 et 18 est le même que celui de 18 et de 12. Il en sera évidemment ainsi, si le premier n'est ni plus grand ni plus petit que le second ; c'est ce qui a lieu.

En effet, le plus grand commun diviseur de 48 et de 18 divise 18×2 (51); il divise donc 12, qui est la différence entre 48 et 18×2 (52). Divisant à la fois 12, 18 et 48, il ne saurait être plus évidemment grand que le plus grand commun diviseur de 18 et 12.

De plus, le plus grand commun diviseur de 18 et de 12 divise 18×2 ; il divise donc 48, qui est la somme de 18×2 et de 12 (50). Divisant à la fois 12, 18 et 48, il ne saurait surpasser évidemment le plus grand commun diviseur de 48 et de 18, ou bien celui-ci ne saurait être plus petit que celui-là. Donc, enfin, le plus grand commun diviseur de 48 et de 18 est le même que celui de 18 et de 12. Il faut donc faire une seconde opération semblable à la première, et l'on prouverait comme précédemment que le plus grand commun 18 et 12 est le même que celui de 12 et de 6. Or, 6 divisant exactement 12, est évidemment le plus grand commun diviseur de 6 et de 12 ; par suite, de 12 et de 18, et conséquemment enfin de 48 et 18.

RECHERCHE DU PLUS GRAND COMMUN DIVISEUR DE PLUSIEURS NOMBRES.

63. Pour trouver le plus grand commun diviseur de plusieurs nombres, il suffit de chercher successivement le plus grand commun diviseur entre le premier nombre et le second ; puis, entre le plus grand commun diviseur obtenu et le troisième nombre, et ainsi de suite. Le dernier diviseur est le plus grand commun diviseur demandé. Cette manière d'opérer est une conséquence de la méthode qui précède. Exemple. Soient les nombres 72, 48, 36. Le plus grand commun diviseur de 72 et 48 est 24, celui de 36 et de 24 est 12. Donc, 12 est le plus grand commun diviseur de 72, 48 et 36.

Si le dernier reste des divisions est l'unité, les nombres sont dits *premiers entr'eux*.

* 64. *Lorsqu'on multiplie plusieurs nombres par un nombre donné, leur plus grand commun diviseur multiplié par ce nombre est le plus grand commun diviseur des produits.* En effet, on sait que si l'on multiplie le dividende et le diviseur par un nombre, le reste est multiplié par le même nombre (33). Or, le reste devenant à son tour diviseur, il en résulte que chaque reste successif, et par suite le plus grand commun diviseur, sera multiplié par le même nombre.

* 65. *Tout diviseur commun à deux nombres divise leur plus grand commun diviseur.* En effet, le reste étant égal à la différence entre le dividende et le diviseur multiplié par le quotient, tout facteur du dividende et du diviseur divisera le produit du diviseur par le quotient, et par suite le reste (42), et conséquemment le plus grand commun diviseur.

66. *Quand plusieurs nombres ont été divisés par leur plus grand commun diviseur, ils n'admettent plus de diviseur commun.* En effet, supposons, pour fixer les idées, que le plus grand commun diviseur soit 9, et que les quotients aient encore le facteur commun 2. Chacun des nombres donnés pouvant être divisé successivement par 9 et par 2, sera divisible évidemment par 9×2 ou par 18, nombre plus grand que 9, ce qui est contraire à la définition du plus grand commun diviseur.

67. Deux nombres entiers quelconques ayant toujours l'unité pour diviseur commun, il en résulte que si la recherche du plus grand commun diviseur de ces nombres ne conduit pas à un nombre plus grand que l'unité, le dernier reste sera toujours l'unité.

Nombres premiers.

68. Un nombre est *premier* quand il n'est divisible que par lui-même et par l'unité.

Deux nombres sont *premiers entr'eux* quand ils n'ont pas de facteur commun.

Deux nombres premiers sont évidemment premiers entr'eux.

PRINCIPES SUR LES NOMBRES PREMIERS.

★ 69. *Tout nombre qui divise un produit de deux facteurs et qui est premier avec l'un d'eux, divise nécessairement l'autre facteur.* Supposons, pour fixer les idées, que 4 divise le produit 5×12, et soit premier avec le facteur 5. Nous allons prouver qu'il devra diviser 12. En effet, le plus grand commun diviseur à 5 et à 4 est 1 (67). Si nous multiplions 5 et 4 par 12, le plus grand commun diviseur de 5×12 et 4×12 sera 1×12 (64) ou 12. Mais 4 divisant 5×12, et 4×12, divisera leur plus grand commun diviseur 12 (65), ce qui démontre le principe énoncé.

★ 70. *Tout nombre premier qui divise un produit de plusieurs facteurs, divise nécessairement l'un d'eux.* Soit le nombre premier 7, qui divise le produit $14 \times 5 \times 9 \times 4$. Je dis qu'il divisera un des facteurs. En effet, le produit donné peut être considéré comme composé des deux facteurs $14 \times 5 \times 9$ et 4. Par suite, d'après le principe précédent, si 7 est premier avec 4, il doit diviser $14 \times 5 \times 9$. Mais s'il divise ce dernier produit des facteurs 14×5 et 9, et s'il est premier avec 9, il doit diviser 14×5. Enfin, 7 divisant 14×5 et étant premier avec 5, doit diviser 14. Ce qu'il fallait démontrer.

★ 71. *Tout diviseur premier des produits d'un nombre multiplié par lui-même, ou des puissances d'un nombre, divise ce nombre.* C'est une conséquence du n° précédent.

★ 72. *Lorsque deux nombres sont premiers entr'eux, leurs puissances sont premières entr'elles.* En effet, si les puissances avaient un facteur premier commun, ce facteur devrait diviser les nombres donnés (70), ce qui ne se peut, puisqu'ils sont premiers entr'eux.

★ **73.** *Un nombre ne peut être décomposé que dans un seul système de facteurs premiers.* En effet, supposons que ce nombre puisse être décomposé en deux systèmes de facteurs premiers : tout facteur premier du premier système divisant le nombre donné, doit diviser un des facteurs du second système (70) ; et comme ceux-ci sont premiers, il ne peut être qu'égal à un de ces facteurs. Donc, tous les facteurs du premier système ne seront autres que ceux du second, ou, en d'autres termes, il n'existera qu'un seul système de facteurs premiers dans le nombre donné.

FORMATION D'UNE TABLE DE NOMBRES PREMIERS.

74. MÉTHODE. — 1° On écrit les nombres 1, 2, 3, 5... et à la suite tous les nombres impairs, jusqu'à la limite qu'on s'est donnée.

2° A partir de 3 exclusivement, on compte de 3 en 3 les nombres écrits, en croisant chaque fois le troisième.

3° A partir de 5 exclusivement, on compte de 5 en 5, et l'on efface le cinquième ; puis on compte de 7 en 7, etc. Tous les nombres qui restent sont premiers.

DÉMONSTRATION. — Il est évident d'abord que tous les nombres pairs, excepté le nombre 2, ne sont pas premiers (53) ; de plus, les nombres croisés ne sont pas premiers ; car, puisqu'il y a 2 unités de différence entre deux nombres impairs consécutifs, le nombre qui vient trois rangs après 3, en diffère de 6 unités, et est par suite un multiple de 3 ; de même, le nombre qui vient trois rangs après ces multiples est encore un multiple pour la même raison. Enfin, les autres nombres qui sont dans le tableau ne sont pas des multiples de 3 ; car, chacun venant trois rangs après un nombre non divisible par 3, se compose d'une partie qui est divisible par 3 et d'une autre qui ne l'est pas. On raisonnerait de même pour les multiples de 5, de 7, etc.

DÉCOMPOSITION D'UN NOMBRE EN SES FACTEURS PREMIERS.

75. La méthode la plus simple consiste à essayer d'abord de diviser par 2 le nombre donné autant de fois qu'il est possible ; on essaie de diviser le dernier quotient par 3, et ainsi de suite ; puis, on divise par 5, 7, 11, etc., jusqu'à ce qu'on arrive à un quotient qui soit un nombre premier. Tous les diviseurs qui ont servi et le dernier quotient sont les facteurs premiers demandés.

On dispose le calcul de la manière suivante. Soit le nombre 27300.

27300	2
13650	2
6825	3
2275	5
455	5
91	7
13	13

Les facteurs premiers de ce nombre sont 2, 3, 5, 7, 13, et il est égal à $2 \times 2 \times 3 \times 5 \times 5 \times 7 \times 13$.

RECHERCHE DU PLUS PETIT MULTIPLE DE PLUSIEURS NOMBRES.

76. MÉTHODE. — 1° On décompose chacun des nombres donnés en ses facteurs premiers.

2° On forme le produit de tous les facteurs premiers différents, en introduisant chaque facteur autant de fois qu'il est répété dans le nombre où il est le plus.

Exemple. Soient les nombres 12, 15, 16, 48. On a : $12 = 2 \times 2 \times 3$, $15 = 3 \times 5$, $16 = 2 \times 2 \times 2 \times 2$, $48 = 2 \times 2 \times 2 \times 2 \times 3$. Le plus petit multiple est donc , $2 \times 2 \times 2 \times 2 \times 3 \times 5$, ou bien 240.

DÉMONSTRATION. — Ce produit est un multiple de ces nombres, parce qu'il contient tous leurs facteurs (44) ; il est le plus petit, puisque les facteurs communs à plusieurs des nombres donnés sont contenus seulement le même nombre de fois que dans celui qui les renferme le plus.

AUTRE MÉTHODE POUR TROUVER LE PLUS GRAND COMMUN DIVISEUR.

77. MÉTHODE. — Pour trouver le plus grand commun diviseur de deux ou plusieurs nombres : 1° on décompose ces nombres en facteurs premiers ; 2° on multiplie entr'eux les facteurs communs en introduisant chaque facteur autant de fois qu'il est répété dans le nombre où il l'est le moins.

Exemple. Soient 72, 48, 36 . $72 = 2 . 2 . 2 . 3 . 3$, $48 = 2 . 2 . 2 . 2 . 3$, $36 = 2 . 2 . 3 . 3$. Le plus grand commun diviseur est $2 . 2 . 3$.

DÉMONSTRATION. — Ce produit est un diviseur commun, puisqu'il contient tous les facteurs communs ; de plus, il est le plus grand ; car, si l'on prenait un facteur de plus dans ce diviseur, celui-ci ne diviserait point le nombre qui ne contient pas le facteur introduit.

Le plus grand commun diviseur de plusieurs nombres contient donc tous leurs facteurs communs répétés autant de fois que dans le nombre où ils le sont le moins.

CHAPITRE TROISIÈME.

—

FRACTIONS.

Origine des Fractions.

78. Lorsqu'une division laisse un reste, pour déterminer la valeur de ce reste, il faudrait le partager en autant de parties égales qu'il y a d'unités dans le diviseur, ou bien continuer la division ; mais comme elle n'est plus possible, on se contente de l'indiquer, et la valeur du quotient de cette division indiquée porte le nom de *fraction*.

Il est très important de remarquer que la division d'un nombre donné en un certain nombre de parties représenté par le diviseur, revient à concevoir l'unité partagée en un même nombre de parties égales, et à prendre autant de ces parties qu'il y a d'unités dans le nombre donné. Cette observation permet de donner la définition suivante :

Une *fraction* est une ou plusieurs parties de l'unité divisée en parties égales.

On met quelquefois sous la forme fractionnaire des divisions qui donneraient au quotient une partie entière et une fraction ; on les nomme en général des *expressions fractionnaires.*

Nota. Dans tout ce qui suit, ce qui sera dit des fractions pourra être appliqué aux expressions fractionnaires, sauf avertissement contraire quand il y aura lieu.

Le nombre qui explique combien de parties de l'unité contient la fraction porte le nom de *numérateur,* et celui qui indique en combien de parties l'unité a été divisée s'appelle *dénominateur.* Le numérateur et le dénominateur sont les deux *termes* de la fraction.

Pour écrire une fraction, on place le numérateur au-dessus du dénominateur, en séparant les deux nombres par un trait horizontal. Exemple : $\frac{1}{3}$. Quelquefois le dénominateur est placé à la droite du numérateur et un peu au-dessous, et les deux nombres sont séparés par un trait oblique. Exemple : $^2/_5$.

Pour énoncer une fraction, on énonce d'abord le numérateur, et ensuite le dénominateur, en ajoutant à celui-ci la terminaison *ième.* Il y a exception quand le dénominateur est 2, 3 ou 4, comme dans les fractions :

$$\frac{1}{2}, \qquad \frac{2}{3}, \qquad \frac{1}{4},$$

qui s'énoncent : *un demi, deux tiers, un quart.*

Principes sur les Fractions.

79. Puisque les termes d'une fraction ne sont autre chose qu'un dividende et un diviseur, on peut appliquer aux fractions les principes qui ont été développés dans la division ; nous en indiquerons seulement quelques-uns sans les démontrer de nouveau.

Pour multiplier une fraction par un nombre, il suffit de multiplier le numérateur ou de diviser le dénominateur par ce nombre (41).

Pour diviser une fraction par un nombre, il suffit de diviser le numérateur ou de multiplier le dénominateur par ce nombre (41).

Une fraction ne change pas, lorsqu'on multiplie ou qu'on divise les deux termes par un même nombre (41, conséq. 1°)

· Quand le numérateur est égal au dénominateur, l'expression fractionnelle est égale à l'unité (38).

Quand le numérateur est plus grand que le dénominateur, l'expression fractionnaire est plus grande que l'unité.

Quand le numérateur est plus petit que le dénominateur, l'expression fractionnaire est plus petite que l'unité, et l'on a une fraction ordinaire (*).

Réductions des Fractions.

80. Les *réductions des fractions* sont divers changements qu'on leur fait subir sans altérer leur valeur.

RÉDUCTION D'UNE FRACTION A SA PLUS SIMPLE EXPRESSION.

81. *Réduire une fraction à sa plus simple expression*, c'est la changer en une autre équivalente dont les termes soient les plus petits possible.

MÉTHODE. — Pour réduire une fraction à sa plus simple expression, on divise ses deux termes par leur plus grand commun diviseur; les quotients obtenus sont respectivement le numérateur et le dénominateur de la fraction demandée.

Exemple. $\frac{18}{48}$ équivaut à $\frac{3}{8}$. On arrive à ce résultat en divisant 48 et 18 par leur plus grand commun diviseur 6.

DÉMONSTRATION. — La nouvelle fraction est équivalente à la première, puisqu'on a divisé les deux termes de celle-ci par un même nombre, et ses termes sont les plus petits possible, puisqu'ils n'ont plus de facteurs communs (66).

REMARQUE. — La fraction réduite à sa plus simple expression est dite *irréductible*, parce que ses termes sont premiers entr'eux.

(*) Ici devrait se trouver la théorie des fractions décimales que nous avons placée ailleurs pour la commodité des commençants.

RÉDUCTION DES FRACTIONS AU MÊME DÉNOMINATEUR.

82. Nous donnerons deux méthodes.

1re MÉTHODE. — Pour réduire des fractions au même dénominateur, on multiplie les deux termes de chacune par le produit des dénominateurs de toutes les autres.

Exemple. Les fractions $\frac{2}{5}$, $\frac{3}{4}$, $\frac{1}{3}$, deviennent $\frac{24}{60}$, $\frac{45}{60}$, $\frac{20}{60}$.

DÉMONSTRATION. — Il est évident que le dénominateur doit être le même, puisqu'il est le produit de nombres égaux. Les fractions ne changent d'ailleurs pas de valeur, puisque les deux termes de chacune ont été multipliés par une même quantité.

2e MÉTHODE. — 1° On cherche le plus petit multiple des dénominateurs : 2° on divise ce nombre par chaque dénominateur ; 3° on multiplie les deux termes de chaque fraction par le quotient respectif.

Exemple. Soient les fractions $\frac{5}{12}$, $\frac{2}{15}$, $\frac{3}{16}$, $\frac{7}{48}$. On a vu (76) que le plus petit multiple de 12, 15, 16, 48, est 240. Le quotient de 240 par 12 est 20, de même les quotients de 240 par 15, 16, 48, sont 16, 15, 5. Multipliant donc les deux termes de la première fraction par 20, et ceux des autres respectivement par 16, 15, 5, ces fractions deviennent $\frac{100}{240}$, $\frac{32}{240}$, $\frac{45}{240}$, $\frac{35}{240}$.

DÉMONSTRATION. — Il est clair que les fractions ne changent pas de valeur, puisque les deux termes ont été multipliés par un même nombre, et de plus le dénominateur sera le même, puisqu'il n'est autre chose que le plus petit multiple.

RÉDUCTION OU TRANSFORMATION DES ENTIERS EN EXPRESSIONS FRACTIONNAIRES.

83. MÉTHODE. — Pour réduire un nombre entier en expression fractionnaire, on le multiplie par le dénominateur qu'on veut lui donner, et l'on place au-dessous du produit ce dénominateur.

Exemple. 3 entiers réduits en quarts, sont équivalents à $\frac{12}{4}$.

Démonstration. — L'entier ne change pas de valeur, puisqu'il est multiplié et divisé par un même nombre qui est le dénominateur.

RÉDUCTION OU TRANSFORMATION DES EXPRESSIONS FRACTIONNAIRES EN ENTIERS.

84. Méthode. — Quand on veut extraire les entiers contenus dans une expression fractionnaire, on divise le numérateur par le dénominateur. Si la division ne donne pas de reste, le quotient est le nombre entier équivalent à l'expression fractionnaire ; si l'on a un reste, on l'ajoute au quotient en lui donnant pour dénominateur celui de l'expression fractionnaire, et celle-ci est alors équivalente à un nombre entier augmenté d'une fraction.

Exemple. $\frac{12}{4}$ est équivalent à 3 entiers, $\frac{13}{4}$ est équivalent à 3 entiers plus $\frac{1}{4}$.

Démonstration. — Il a été dit plus haut (79) qu'une expression fractionnaire dont le numérateur égale le dénominateur est équivalente à l'unité. L'expression fractionnaire donnée contiendra donc autant de fois l'unité que le numérateur contient le dénominateur. Le quotient de la division représentera ainsi le nombre entier demandé, et le reste indiquera évidemment le nombre des parties restantes.

RÉDUCTION OU CONVERSION DES FRACTIONS ORDINAIRES EN FRACTIONS DÉCIMALES.

85. Méthode. — Pour effectuer cette réduction, on divise le numérateur par le dénominateur, en ajoutant, s'il le faut, au numérateur, un nombre suffisant de zéros pour l'approximation qu'on désire.

Exemple. $\frac{3}{4}$ équivaut à $\frac{75}{100}$, $\frac{3}{7}$ équivaut à 0,43 à moins d'un demi-centième.

Démonstration. — Ce résultat est exact, puisqu'on n'a fait qu'effectuer avec des décimales la division indiquée par la fraction.

86. Il arrive souvent, qu'en réduisant une fraction ordinaire en fraction décimale, on obtienne au quotient un nombre illimité de chiffres qui se reproduisent toujours dans le même ordre. Le nombre représenté par les chiffres qui se reproduisent ainsi porte le nom de *période,* et le quotient est dit *périodique.*

Les fractions décimales dans lesquelles la période commence immédiatement après la virgule sont des *fractions périodiques* simples, et celles dans lesquelles la période ne commence que plus tard sont des *fractions périodiques* mixtes.

Exemple. 1º La fraction $\frac{3}{11}=0{,}272727$, etc. La période est 27, et la fraction est périodique simple; 2º la fraction $\frac{5}{12}=0{,}416666$, etc. La période est 6, et la fraction est périodique mixte.

RÉDUCTION OU CONVERSION DES FRACTIONS DÉCIMALES EN FRACTIONS ORDINAIRES.

87. Deux cas se présentent : ou la fraction donnée est une fraction décimale ordinaire, ou bien elle est périodique.

1er *Cas.* — MÉTHODE. — On écrit au numérateur le nombre décimal sans virgule ; puis l'on donne pour dénominateur l'unité suivie d'autant de zéros qu'il y a de chiffres décimaux, et l'on réduit cette fraction à sa plus simple expression.

Exemple. $0{,}045 = \frac{45}{1000}$, ou (en réduisant à la plus simple expression) $\frac{9}{200}$.

DÉMONSTRATION. — La raison de ce procédé est évidente, puisqu'on ne fait qu'écrire la fraction décimale à la manière des fractions ordinaires.

2e *Cas.*—1re MÉTHODE. — La fraction ordinaire équivalente à une fraction périodique simple a pour numérateur la période elle-même, et pour dénominateur un nombre représenté par autant de 9 qu'il y a de chiffres dans la période.

Exemple. $0{,}2727$, etc. $= \frac{27}{99} = \frac{3}{11}$.

DÉMONSTRATION.—Soit la fraction périodique simple 0,2727, etc. Si on la multiplie par l'unité suivie d'autant de zéros qu'il y a de chiffres dans la période, ou par 100, la fraction multipliée par 100 sera égale à 27, 27, etc. Si de 100 fois la fraction périodique, ou de 27, 27, etc., on retranche une fois cette fraction, ou 0,2727, etc., il restera 99 fois la fraction périodique, et le reste sera égal à 27, parce que la partie périodique disparaît par la soustraction. Donc, la valeur cherchée sera $\frac{27}{99}$ ou $\frac{3}{11}$.

Soit encore la fraction décimale périodique simple 0,999 ; elle est égale à $\frac{9}{9}$ ou à 1.

2e MÉTHODE. — La fraction ordinaire, équivalent à une fraction périodique mixte, a pour numérateur le nombre représenté par tous les chiffres décimaux compris depuis la virgule jusqu'après la première période, diminué de celui que représentent les chiffres décimaux placés avant la période, et pour dénominateur autant de 9 qu'il y a de chiffres dans la période, suivis d'autant de zéros qu'il y a de chiffres décimaux avant la période.

Exemple.   0,4166, etc., $= \frac{375}{900} = \frac{5}{12}$.

DÉMONSTRATION. — Soit la fraction périodique mixte 0,41666, etc. Si on la multiplie d'abord par l'unité suivie d'autant de zéros qu'il y a de chiffres décimaux jusqu'après la période, ou par 1000; et puis par l'unité, suivie d'autant de zéros qu'il y a de chiffres décimaux avant la période, ou par 100, la première multiplication donnera 416 , 66, etc., et la seconde 41 , 66, etc. En retranchant le second produit du premier, le reste, égal à 900 fois la fraction périodique, sera 416—41, ou 375. Donc, la fraction périodique aura pour valeur $\frac{375}{900}$, ou mieux, en réduisant , $\frac{5}{12}$.

Soit encore la fraction périodique mixte 0,09999, etc.; elle est égale à $\frac{9}{90}$ ou à $\frac{1}{10}$.

Addition des Fractions.

88. MÉTHODE. — Pour faire l'addition des fractions: 1o on les réduit au même dénominateur ; 2o on additionne les numérateurs; 3o on donne à cette somme le dénominateur commun.

Exemple. Soit à additionner $\frac{2}{5}$, $\frac{3}{4}$, $\frac{1}{3}$.

$$\frac{2}{5} = \frac{24}{60}$$
$$\frac{3}{4} = \frac{45}{60}$$
$$\frac{1}{3} = \frac{20}{60}$$

Somme..... $\frac{89}{60}$

DÉMONSTRATION. — Le résultat est exact ; car, en additionnant les numérateurs, on obtient la somme de toutes les parties contenues dans chaque fraction, et en donnant à la somme le même dénominateur, on indique la grandeur de ces parties qui ne peut avoir changé en les additionnant. Le résultat est d'ailleurs le même que si l'on eût opéré sur les fractions primitives, puisque les nouvelles fractions leur sont équivalentes.

89. Pour additionner des fractions jointes à des entiers, il y a deux méthodes.

1re MÉTHODE. — On réduit les fractions au même dénominateur, puis on met les entiers sous la forme d'expressions fractionnaires ayant le dénominateur commun, et on fait l'addition comme il a été dit ci-dessus.

2e MÉTHODE. — On additionne séparément les entiers et les fractions.

Exemple. Soit à additionner $8\frac{1}{4}$, $5\frac{1}{3}$, $3\frac{1}{5}$.

$$8, \ \ ^{15}/_{60}$$
$$5, \ \ ^{20}/_{60}$$
$$3, \ \ ^{12}/_{60}$$
$$\overline{\text{Somme...... } 16, \ \ ^{47}/_{60}}$$

Soustraction des Fractions.

90. MÉTHODE.—Pour faire cette opération : 1° on réduit les fractions au même dénominateur ; 2° on retranche le plus faible numérateur du plus fort ; 3° on donne au reste le dénominateur commun.

Exemple. Soit à retrancher $\frac{1}{3}$ de $\frac{1}{2}$.

$$^1/_2 = \ ^3/_6$$
$$^1/_3 = \ ^2/_6$$
$$\overline{\text{Reste...... } \ ^1/_6}$$

DÉMONSTRATION. — En effet, retrancher une fraction d'une autre, quand elles ont le même dénominateur, c'est retrancher un certain nombre de parties d'un autre nombre de parties égales. Il suffit donc de retrancher un numérateur de l'autre, puisque le numérateur indique le nombre de parties que contient chaque fraction ; et comme les parties qui restent sont de la même grandeur que les autres, il faut représenter cette grandeur par le dénominateur commun.

91. Pour faire la soustraction des nombres entiers unis à des fractions, il y a deux méthodes.

1re MÉTHODE. — 1º On réduit les fractions au même dénominateur ;

2º On met les entiers sous la forme de fractions du même dénominateur ;

3º On additionne les expressions fractionnaires obtenues avec les fractions correspondantes.

4º On retranche le plus faible numérateur du plus fort, et l'on donne au résultat le dénominateur commun.

Soit à soustraire $2\,^1/_4$ de $3\,^1/_5$.

$$3,\ ^1/_5 = {}^{60}/_{20} + {}^4/_{20} = {}^{64}/_{20}$$
$$2,\ ^1/_4 = {}^{40}/_{20} + {}^5/_{20} = {}^{45}/_{20}$$
$$\text{Reste.}\ .\ .\ .\ \ {}^{19}/_{20}$$

2e MÉTHODE. — 1º On réduit les fractions au même dénominateur ;

2º On soustrait la fraction qui accompagne le plus petit nombre de l'autre fraction, en ajoutant, si cela est nécessaire, à cette dernière fraction, une unité, qu'il faut avoir soin de transformer en expression fractionnaire du même dénominateur ;

3º On retient cette unité pour l'ajouter au nombre entier le plus faible qu'on retranche du plus fort.

Exemple. Soit $2,\ ^1/_4$ à retrancher de $3,\ ^1/_5$; le reste est $^{19}/_{20}$.

$$3,\ ^4/_{20}$$
$$2,\ ^5/_{20}$$
$$\text{Reste.}\ .\ .\ .\ .\ .\ .\ \ 0,^{19}/_{20}$$

92. Quand on veut comparer deux ou plusieurs fractions entr'elles , on les réduit au même dénominateur. Les fractions sont d'autant plus grandes que les numérateurs des transformées sont plus considérables.

Multiplication des Fractions.

93. MÉTHODE. — Pour multiplier une fraction par une autre fraction : 1° on multiplie les numérateurs entr'eux ; le produit est le numérateur de la fraction résultante ; 2° on multiplie entr'eux les dénominateurs, et le produit est le dénominateur de la fraction résultante.

Exemple. $\frac{2}{3} \times \frac{4}{5} = \frac{8}{15}$.

DÉMONSTRATION. — En effet, d'après la définition de la multiplication, le produit doit être au multiplicande ce que le multiplicateur est à l'unité. Ainsi , dans l'exemple ci-dessus, le multiplicateur égalant quatre fois le cinquième de l'unité , le produit devra égaler quatre fois le cinquième du multiplicande qui est $\frac{2}{3}$. Pour avoir le cinquième de celui-ci, il suffit de multiplier le dénominateur par 5 (comme il a été dit dans la division (47), puis, pour obtenir quatre fois le cinquième , il faut multiplier le numérateur par 4, et le résultat sera ainsi $\frac{8}{15}$.

94. S'il y a des entiers unis aux fractions dans le multiplicande ou dans le multiplicateur, ou dans les deux à la fois, on peut faire la multiplication de deux manières.

1re MÉTHODE. —On multiplie successivement les entiers et les fractions du multiplicande : 1° par les unités du multiplicateur ; 2° par chaque fraction du multiplicateur; la somme de ces produits partiels est le produit demandé.

Exemple. $(2+\frac{3}{4})\times(5+\frac{6}{7})=10+\frac{15}{4}+\frac{12}{7}+\frac{18}{28}$.

2e MÉTHODE. — 1° On transforme chaque nombre entier en expression fractionnaire du même dénominateur que la fraction dont il est suivi ;

2° On met le multiplicande en une seule fraction , ainsi que le multiplicateur ;

3° On multiplie entr'elles les expressions résultantes.

Exemple. 2, $^3/_4$ à multiplier par 5, $^6/_7$ revient à $^{11}/_4$ à multiplier par $^{41}/_7$, et le produit est $^{451}/_{28}$.

95. Pour multiplier un entier par une fraction, on met l'entier sous la forme fractionnaire en lui donnant l'unité pour dénominateur, et l'on tombe ainsi dans le premier cas.

Exemple. $\qquad 3 \times \frac{4}{5} = \frac{3}{1} \times \frac{4}{5} = \frac{12}{5}$.

On a vu (79) comment on multiplie une fraction par un entier.

FRACTIONS DE FRACTIONS.

96. Multiplier plusieurs fractions entr'elles, c'est prendre des *fractions de fractions*.

MÉTHODE. — Pour prendre des fractions de fractions, il faut multiplier les numérateurs entr'eux, en faire de même des dénominateurs, et donner le second produit pour dénominateur au premier.

Exemple. Les $\frac{2}{3}$ des $\frac{5}{7}$ de $\frac{11}{13}$ égalent $\frac{11 \times 5 \times 2}{13 \times 7 \times 3} = \frac{110}{273}$.

DÉMONSTRATION. — Pour avoir les $\frac{5}{7}$ de $\frac{11}{13}$, il faut en prendre d'abord le septième qui est $\frac{11}{13 \times 7}$, et puis multiplier ce septième par 5, ce qui donne $\frac{11 \times 5}{13 \times 7}$. De même, pour avoir les deux tiers de cette fraction, il faut en multiplier le numérateur par 2 et le dénominateur par 3. Le résultat est donc $\frac{11 \times 5 \times 2}{13 \times 7 \times 3}$.

97. Si l'on a à prendre des fractions de fractions d'un nombre entier, il faut mettre ce nombre entier sous la forme fractionnaire, en lui donnant l'unité pour dénominateur, et puis opérer comme il a été dit plus haut.

98. Puisque la multiplication des fractions se réduit à des multiplications de nombres entiers, les principes des nos 31, 33 sont applicables aux fractions.

99. Si le multiplicateur est plus petit que l'unité, le produit est plus petit que le multiplicande, puisqu'il n'en est qu'une fraction ; et si les facteurs sont plus petits que l'unité, le produit est plus petit que chacun d'eux, puisque, d'après le principe de la transposition des facteurs, chacun peut être pris pour multiplicande.

Division des Fractions.

100. Méthode.—Pour diviser une fraction par une fraction, il faut multiplier la première par la seconde renversée.

Exemple. $\frac{3}{4} : \frac{5}{6} = \frac{3}{4} \times \frac{6}{5} = \frac{18}{20}$.

Démonstration. — Puisque le dividende est le produit du diviseur par le quotient, dans l'exemple précédent la fraction $\frac{3}{4}$ est les $\frac{5}{6}$ du quotient. Le sixième du quotient sera donc la cinquième partie de $\frac{3}{4}$ ou $\frac{3}{4}$ divisés par 5, c'est-à-dire $\frac{3}{4 \times 5}$ (79). Pour avoir tout le quotient, il suffit de multiplier cette dernière fraction par 6, et le résultat sera $\frac{3 \times 6}{4 \times 5}$, fraction qui n'est autre chose que le produit de $\frac{3}{4}$ par $\frac{6}{5}$.

101. Pour diviser un entier par une fraction, on peut mettre l'entier sous la forme fractionnaire en lui donnant pour dénominateur l'unité, et l'on tombe dans le cas précédent.

Exemple. $4 : \frac{2}{3} = \frac{4}{1} \times \frac{3}{2} = \frac{12}{2}$.

102. On a vu comment on divise une fraction par un entier.

S'il y a des entiers unis aux fractions, on réduit en une seule fraction tout le dividende, ainsi que tout le diviseur, et l'on tombe encore dans le premier cas.

Exemple. $(2+\frac{3}{4}):(5+\frac{1}{2})=(\frac{8}{4}+\frac{3}{4}):(\frac{10}{2}+\frac{1}{2})=\frac{11}{4}:\frac{11}{2}=\frac{11}{4}\times\frac{2}{11}$ $=\frac{22}{44}$.

CHAPITRE QUATRIÈME.

—

PUISSANCES ET RACINES.

103. Puissances.—On appelle *puissances*, les différents produits qu'on obtient en multipliant un nombre par lui-même.

Le nombre lui-même est sa première puissance. Le produit de ce nombre pris deux fois comme facteur est la seconde. Le produit de ce nombre pris trois fois, quatre fois, cinq fois, est la troisième, la quatrième, la cinquième puissance.

La deuxième puissance porte aussi le nom de *carré*, et la troisième le nom de *cube*.

On indique l'élévation d'un nombre à une puissance par un petit chiffre qui en marque le degré et qu'on place à droite un peu au-dessus du nombre ; ce petit chiffre porte le nom d'*exposant*.

Exemple. 2^4 indique la quatrième puissance de 2.

104. Pour élever un nombre à une puissance, il est évident, d'après ce qui précède, qu'il faut multiplier le nombre par lui-même, le produit par ce même nombre, le nouveau produit par ce nombre encore, et ainsi de suite, jusqu'à ce que le nombre ait servi de facteur autant de fois que l'indique l'exposant.

Exemple. $8^5 = 32768.$ $2,3^3 = 12,167.$ $\left(\dfrac{2}{3}\right)^4 = \dfrac{16}{81}$

$$\left(\dfrac{2}{3}\right)^4 = \dfrac{2}{3} \cdot \dfrac{2}{3} \cdot \dfrac{2}{3} \cdot \dfrac{2}{3} = \dfrac{2^4}{3^4} = \dfrac{16}{81}$$

```
      8              2,3
      8              2,3
    ────           ─────
     64              6 9
      8             4 6
    ────          ──────
    512            5,2 9
      8              2,3
    ────          ──────
   4096           1 5 8 7
      8           1 0 5 8
  ──────         ──────────
  32768          1 2,1 6 7
```

105. RACINES. — On appelle racine d'un nombre le facteur qui, multiplié par lui-même, a produit ce nombre.

Si le facteur a été pris deux fois, il est la racine seconde ; s'il a été pris trois fois, quatre fois, cinq fois, il est la racine troisième, quatrième, cinquième, etc. Les racines deuxième et troisième portent le nom de *racine carrée* et *cubique*.

Si l'on veut indiquer la racine d'un nombre, on écrit ce nombre sous le signe suivant $\sqrt{}$ appelé *radical*, en plaçant entre les deux branches un petit chiffre qui indique le degré de la racine ; on l'appelle *indice*.

Exemple. $\sqrt[3]{12167}$ indique la racine cubique de 12167.

Quand le radical ne porte pas d'indice, l'indice 2 est sous-entendu.

* 106. Si la racine d'un nombre entier n'est pas entière, elle ne saurait être exprimée par une fraction. En effet, cette fraction, qu'on peut toujours supposer irréductible, élevée à la puissance du degré donné, serait encore irréductible et ne saurait par conséquent égaler le nombre entier donné (72). Dans ce cas, la racine sera d'une nouvelle espèce de quantités auxquelles on a donné le nom d'*incommensurables* ou d'*irrationnelles*.

L'opération par laquelle on cherche la racine d'un nombre porte le nom d'*extraction de la racine*.

Racine carrée.

EXTRACTION DE LA RACINE CARRÉE DES NOMBRES ENTIERS.

107. 1er *Cas.* — *Racine carrée des nombres de un ou deux chiffres.*

MÉTHODE. — La racine carrée d'un nombre composé d'un ou deux chiffres s'obtient au moyen du tableau suivant :

Carrés. .	1	4	9	16	25	36	49	64	81.
Racines.	1	2	3	4	5	6	7	8	9.

Tous les nombres qui se trouvent dans la première ligne ont leur racine au-dessous.

Ceux qui sont compris entre deux nombres de la première ligne ont pour racine celle du nombre le plus faible, augmenté d'une certaine quantité qu'on apprendra à évaluer approximativement plus tard.

108. 2e *Cas.* — *Racine carrée des nombres de trois ou quatre chiffres.*

MÉTHODE. — On partage le nombre proposé en tranches de deux chiffres en commençant par la droite (la dernière tranche peut n'avoir qu'un chiffre) ; puis, on cherche quel est le plus grand carré contenu dans la première tranche de gauche ; on place la racine à droite du nombre donné en la séparant par un trait vertical, et l'on soustrait son carré de la tranche qui l'a fourni.

A côté du reste, on abaisse la tranche suivante, en séparant le dernier chiffre par un point, et l'on divise la partie a gauche de ce chiffre par le double de la racine déjà trouvée. On écrit le quotient à droite du double de la racine, on multiplie le nombre ainsi formé par ce quotient, on retranche le produit du premier reste suivi de la seconde tranche, et l'on porte à la racine le chiffre trouvé. Si la soustraction donne zéro, cela prouve que la racine est entière (1er exemple). Si le reste n'est pas nul (2e exemple), on ne peut trouver une racine exacte rigoureusement, mais il est facile d'en approcher autant qu'on le veut, comme il sera dit plus tard (112).

Exemple. La racine carrée de 1764 est 42, et celle de 1767 est 42, avec le reste 3.

$$1° \quad \begin{array}{c|c} 1\,7.6\,4 & 42 \\ 1\,6.4 & \overline{82 \times 2} \\ 0\,0 & \end{array} \qquad 2° \quad \begin{array}{c|c} 1\,7.6\,7 & 42 \\ 1\,6.7 & \overline{82 \times 2} \\ 0\,3 & \end{array}$$

109. *Cas général.* — Méthode. — On partage le nombre en tranches de deux chiffres, et après avoir extrait la racine carrée des deux premières tranches à gauche, en suivant la méthode ci-dessus, on abaisse à la droite du reste la tranche suivante, dont on sépare le dernier chiffre ; on double la racine, et l'on fait la division comme quand il s'est agi de la seconde tranche. L'on continue de la même manière jusqu'à l'entier épuisement des tranches.

Exemple. La racine carrée de 49729 est 223, et celle de 4507129 est 2123.

$$\begin{array}{c|c} 4.9\,7.2\,9 & 223 \\ 0\,9.7 & \overline{42 \times 2} \\ 1\,3\,2.9 & 443 \times 3 \\ 0\,0\,0 & \end{array} \qquad \begin{array}{c|c} 4.5\,0.7\,1.2\,9 & 2123 \\ 0\,5.0 & \overline{41 \times 1} \\ 9\,7.1 & 42 \times 2 \\ 1\,2\,72.9 & 4243 \times 3 \\ 0\,00\,0 & \end{array}$$

Démonstration. — 1° *Détermination du nombre de chiffres de la racine.*

Il est facile de connaître de combien de chiffres se compose la racine carrée d'un nombre quelconque. En effet, si l'on élève 1, 10, 100, 1000, etc., au carré, on trouve les nombres 1, 100, 10000, 1000000, etc. Il résulte de là que les nombres compris entre 1 et 100 ou composés d'un ou deux chiffres, ont leur racine comprise entre 1 et 10 , composée par conséquent d'un seul chiffre. Les nombres compris entre 100 et 10000, ou composés de trois ou quatre chiffres, ont leur racine comprise entre 10 et 100, par conséquent de deux chiffres. De même, les nombres compris entre 10000 et 1000000, ou composés de cinq ou six chiffres, ont à la racine trois chiffres, etc. Ainsi donc , si l'on partage un nombre en tranches de deux chiffres en commençant par la droite, sauf à n'avoir qu'un seul chiffre dans la dernière tranche , le nombre des tranches donnera celui des chiffres de la racine.

2o *Détermination des chiffres de la racine.*

La démonstration du 1er cas est évidente.

2e *Cas.* — Si l'on fait le carré d'un nombre composé de dizaines et d'unités, 42, par exemple , en mettant par évidence les quatre produits partiels , on trouve que ce carré se compose :

1o Du carré des dizaines 1600 ;

2o De deux fois le produit des dizaines par les unités 80 ;

3o Du carré des unités 4.

$$
\begin{array}{r}
42 \\
42 \\
\hline
4 \\
80 \\
80 \\
1600 \\
\hline
1764
\end{array}
$$

On trouverait les mêmes parties dans un carré quelconque.

Soit maintenant à extraire la racine carrée de 1764 (c'est le 1er exemple ci-dessus) (108). Ce nombre se décomposant en deux tranches, doit avoir à la racine deux chiffres, des dizaines et des unités. Il contient donc, ainsi qu'on l'a vu, trois parties. Le carré des dizaines est un nombre de centaines qui ne peut se trouver que dans les 17 centaines du nombre proposé. Or, 17 est compris entre deux carrés consécutifs 16 et 25. Par suite, le nombre 1700, ou le nombre 1764, est compris entre 1600 et 2500 , sa racine tombe donc entre celle de 1600 et celle de 2500, ou entre 40 et 50, et se compose de 4 dizaines et d'un

certain nombre d'unités. On voit par là que le chiffre 4 des dizaines de la racine est la racine du plus grand carré contenu
dans les centaines du nombre proposé.

Posons 4 à la racine, retranchons son carré 16 des centaines
du nombre proposé ; le reste 164 ne contiendra plus que les
deux autres parties du carré de la racine.

Le double produit des dizaines par les unités est nécessairement un nombre de dizaines qui ne peut se trouver que dans
les 16 dizaines du reste. On peut donc séparer le dernier chiffre
de ce reste. Si donc on forme le double 8 des dizaines de la
racine, en divisant 16 par 8 on obtiendra pour quotient le chiffre des unités de la racine ou un chiffre trop fort, attendu que,
parmi les 16 dizaines, il peut s'en trouver qui proviennent du
carré des unités. 16 contient 8 deux fois. Pour essayer le chiffre 2, on l'écrit à la droite du diviseur 8, et l'on multiplie le
nombre résultant 82 par 2. On forme ainsi à la fois le double
produit des dizaines par les unités et le carré des unités. Le
résultat de la multiplication pouvant se retrancher de 164, on
en conclut que le chiffre 2 n'est pas trop fort, et on l'écrit à la
racine. 42 est donc la racine du nombre proposé. Si la soustraction avait laissé un reste, la racine du nombre proposé serait incommensurable (106).

Un chiffre placé à la racine est trop fort quand la soustraction ne peut se faire ; cela est évident d'après ce qui vient d'être
dit. Ce chiffre est trop faible quand le reste n'est pas moindre
que le double de la racine augmenté de l'unité. En effet, en
élevant au carré deux nombres consécutifs quelconques, on voit
que la différence entre les deux carrés est égale au double du
premier nombre augmenté de l'unité. Si donc le reste égale
ou surpasse le double de la racine obtenue, augmenté de l'unité,
le nombre donné doit avoir au moins une unité de plus à sa
racine, et le dernier chiffre trouvé est ainsi trop faible.

3° *Cas général.* — Si le nombre dont on cherche la racine a
cinq ou six chiffres, on peut considérer sa racine comme composée de dizaines et d'unités, les dizaines étant exprimées
par un nombre de deux chiffres. Pour avoir ces dizaines, il
n'y a donc qu'à extraire la racine carrée des deux premières
tranches à gauche, en suivant la méthode qui vient d'être démontrée, et puis l'opération doit évidemment être continuée
comme à l'ordinaire.

Quand le nombre proposé a 4, 5, 6... tranches, on raisonne d'une manière analogue.

EXTRACTION DE LA RACINE CARRÉE DES NOMBRES DÉCIMAUX.

110. MÉTHODE. — L'extraction de la racine carrée des nombres décimaux se fait comme celle des nombres entiers, seulement quand les chiffres décimaux sont en nombre impair, on ajoute d'abord un zéro pour le rendre pair, et puis, après l'opération, il faut avoir soin de séparer à la racine deux fois moins de décimales que n'en contient le nombre proposé.

Exemple. La racine carrée de 0,2025 est 0,45, celle de 0,202 est environ 0,44.

$$
\begin{array}{c|l}
\begin{array}{r}0{,}2\,0.2\,5 \\ 4\,2.5 \\ 0\,0\end{array} & \begin{array}{l}0{,}45 \\ \hline 8\,5\times 5\end{array}
\qquad
\begin{array}{r}0{,}2\,0.2\,0 \\ 4\,2.0 \\ 8\,4\end{array} & \begin{array}{l}0{,}44 \\ \hline 8\,4\times 4\end{array}
\end{array}
$$

DÉMONSTRATION. — 1° Il est nécessaire de rendre pair le nombre des décimales du nombre proposé. En effet, si l'on forme le carré d'un nombre décimal, on aura au produit autant de chiffres décimaux qu'il y en a dans les deux facteurs, ou bien le double des chiffres décimaux d'un facteur, puisque les facteurs sont égaux. Il y aura donc au carré le double du nombre des chiffres décimaux de la racine, et conséquemment un nombre pair.

2° Puisque le carré contient deux fois plus de décimales que sa racine, celle-ci aura autant de chiffres décimaux qu'il y a de tranches décimales dans le nombre proposé.

EXTRACTION DE LA RACINE CARRÉE DES FRACTIONS.

111. MÉTHODE. — Pour extraire la racine carrée d'une fraction, il faut extraire séparément la racine carrée du numérateur et celle du dénominateur; les racines sont respectivement le numérateur et le dénominateur de la racine demandée.

Exemple.
$$
\sqrt{\frac{16}{25}} = \frac{\sqrt{16}}{\sqrt{25}} = \frac{4}{5}
$$

Si le dénominateur n'est pas un carré parfait, on multiplie préalablement les deux termes de la fraction par le dénominateur, et l'on extrait la racine carrée de la fraction transformée.

Exemple.

$$\sqrt{\frac{2}{3}} = \sqrt{\frac{6}{9}} = \frac{\sqrt{6}}{3}$$

La racine carrée d'un nombre entier joint à une fraction est celle du nombre fractionnaire équivalent.

Exemple.

$$\sqrt{3,\frac{1}{7}} = \sqrt{\frac{22}{7}}$$

DÉMONSTRATION. — En effet, si l'on forme le carré d'une fraction, on voit que le numérateur du carré est le carré du numérateur de la racine, et que le dénominateur est également le carré du dénominateur de la racine.

APPROXIMATION DE LA RACINE CARRÉE.

112. Pour calculer la racine carrée d'un nombre entier ou décimal à moins d'une unité d'un ordre décimal quelconque, on écrit à la suite du nombre assez de zéros pour avoir autant de tranches décimales qu'on veut de chiffres décimaux à la racine, et l'on fait l'opération comme à l'ordinaire.

113. Si l'on désire une approximation à moins d'une demi-unité décimale quelconque, on ajoute assez de zéros pour avoir autant de tranches décimales plus une qu'on veut de chiffres décimaux à la racine. Si le dernier chiffre trouvé qu'on supprime est 5 ou un chiffre plus fort, on force le chiffre précédent.

Exemple. La racine carrée de 57 à moins d'un centième près, est celle de 57,0000 ou 7,54 ; à moins d'un demi-centième, elle est 7,55. Le dernier chiffre a été forcé, parce qu'en ajoutant 6 zéros à 57, on trouve pour racine 7, 549.

La racine de 3,5 , à moins d'un dixième est 1,8 , et à moins d'un demi-dixième 1,9.

* 114. Pour déterminer la racine carrée d'un nombre entier à moins d'une fraction donnée dont le numérateur est l'unité,

on multiplie et on divise ce nombre par le carré du dénominateur et l'on extrait la racine carrée du produit.

Exemple. Calculer la racine de 5 à moins d'un $\frac{1}{3}$. Il est évident qu'on a :

$$\sqrt{5}=\sqrt{\frac{5\times 3^2}{3^2}}=\frac{\sqrt{5\times 3^2}}{\sqrt{3^2}}=\frac{\sqrt{45}}{3}$$

Or, la racine de 45 est comprise entre 6 et 7 ; celle de 5 sera donc entre $\frac{6}{3}$ et $\frac{7}{3}$, et égalera $\frac{6}{3}$ ou 2 à moins d'un $\frac{1}{3}$ d'unité.

115. Si l'on veut trouver la racine carrée d'une fraction à moins d'une unité d'un ordre décimal déterminé, on calcule le quotient du numérateur par le dénominateur avec le double du nombre des décimales qu'on veut obtenir à la racine. On calculerait le quotient avec deux décimales de plus, si l'on voulait approcher à moins d'une demi-unité. Puis on extrait la racine du quotient.

Exemple. La racine de $\frac{11}{14}$ à moins d'un centième est celle de 0,7857, ou 0,88 à moins d'un demi-centième, elle est 0,89, parce que celle de 0,785714 est 0,886.

La raison de toutes ces opérations est une conséquence de tout ce qui a été dit à l'article de l'extraction de la racine carrée des nombres décimaux.

116. On a démontré (106) que si la racine d'un nombre entier n'est pas un nombre entier, cette racine ne peut être exprimée exactement, ni en fractions décimales, ni en fractions ordinaires. Le calcul de l'approximation ne donne pas lieu non plus à une fraction décimale périodique, car celle-ci est équivalente à une fraction ordinaire. Ainsi, le calcul de l'extraction d'une racine incommensurable donnerait des décimales jusqu'à l'infini, si l'on ne voulait pas se contenter d'une approximation.

117. Puisque, en calculant de nouvelles décimales, on approche de plus en plus de la valeur d'une racine incommensurable, il est facile de trouver une fraction dont cette racine diffère d'une quantité moindre que toute quantité donnée. Cette fraction pourra ainsi être regardée comme équivalente à un nombre irrationnel. Dès lors, il est permis d'appliquer aux

quantités irrationnelles ou incommensurables plusieurs principes des fractions (99), entr'autres celui de la transposition des facteurs, qui devient par cette observation tout-à-fait général.

Racine Cubique.

EXTRACTION DE LA RACINE CUBIQUE DES NOMBRES ENTIERS.

118. 1ᵉʳ Cas. —MÉTHODE.— La racine cubique d'un nombre composé d'un, deux ou trois chiffres, s'obtient au moyen du tableau suivant :

Cubes	1,	8,	27,	64	125	216	343	512	729
Racines	1,	2,	3,	4	5	6	7	8	9

Tout les nombres qui se trouvent à la première ligne ont leur racine au-dessous; ceux qui sont compris entre deux nombres de la première ligne ont pour racine celle du nombre le plus faible, augmentée d'une certaine quantité qu'on apprendra plus tard à évaluer approximativement.

119. 2ᵉ Cas. —MÉTHODE. — Pour trouver la racine cubique des nombres de 4, 5 ou 6... chiffres, on partage ce nombre en tranches de trois chiffres en commençant par la droite (la dernière tranche peut n'avoir que un ou deux chiffres); puis on cherche le plus grand cube contenu dans la première tranche à gauche, on place la racine à la droite du nombre donné en la séparant par un trait vertical, et l'on soustrait le cube de la tranche qui l'a fourni. A côté du reste, on abaisse la tranche suivante, dont on sépare les deux derniers chiffres par un point; on fait le carré de la racine et on le multiplie par 3, en portant le produit sous la racine, dont il doit être séparé par un trait horizontal ; après quoi l'on divise la partie restante du nombre donné, moins les deux derniers chiffres, par le triple carré de la racine ; on porte le quotient à la racine qu'on élève tout entière au cube ; on retranche ce cube du nombre donné, et, s'il n'y a pas de reste, c'est une preuve que le nombre donné est un cube parfait, ou que la racine est commensurable ; dans le cas contraire, elle est incommensurable.

Exemple. La racine cubique de 12167 est 23, celle de 32780 est 32 à moins d'une unité près.

```
 1 2.1 6 7 | 23         23        3 2.7 8 0 | 32          32
 8         | 23         23        2 7       | 27          32
 ─────     | 12         ──        ──        ─            ──
 4 1.6 7   | ──         69        5 7.8 0                64
           |            46                              96
                        ──        32780                 ──
 12167                  529       32768                 1024
 12167                  23        ──                    32
 ──────                 ──        ...12                 ──
 ....0                  1587                            2048
                        1058                            3072
                        ──                              ──
                        12167                           32768
```

120. 3° *Cas général.* — MÉTHODE. — On partage le nombre
en tranches de trois chiffres; et après avoir extrait la racine cubique des deux premières tranches à gauche en suivant la méthode ci-dessus, on abaisse à la droite du reste la tranche suivante, dont on sépare les deux derniers chiffres; on fait le triple
carré de la racine trouvée, et puis on divise comme quand il s'est
agi de la seconde tranche. On continue de la même manière jusqu'à l'entier épuisement des tranches.

Exemple. La racine cubique de 34012224 est 324.

```
   324        3 4.0 1 2.2 2 4 | 324            324
   324        2 7             | 27             32
   ────       ──             ──               32
   1296                                        ──
   648        7 0.1 2                          64
   972        3 4 0 1 2                        96
   ────       3 2 7 6 8                        ──
   104976     ──────                           1024
   324        1 2 4 4 2,2 4 | 3072             32
   ────                                        ──
   419904     34012224                         2048
   209952     34012224                         3072
   314928     ──────                           ──
   ──────     0                                32768
   34012224
```

DÉMONSTRATION. — 1° *Détermination du nombre de chiffres
de la racine.*

Il est d'abord facile de connaître de combien de chiffres se
compose la racine cubique d'un nombre quelconque. En effet,
si l'on élève 1, 10, 100, 1000, etc., au cube, on trouve les nombres 1, 1000, 1000000, 1000000000 , etc. Il résulte de là que

les nombres compris entre 1 et 1000, ou composés de un, deux ou trois chiffres ont leur racine comprise entre 1 et 10 ou composée d'un seul chiffre ; les nombres compris entre 1000 et 1000000, ou composés de quatre, cinq ou six chiffres, ont leur racine comprise entre 10 et 100, ou composée de deux chiffres, et ainsi de suite. Ainsi donc, si l'on partage un nombre en tranches de trois chiffres en commençant par la droite, sauf à n'avoir qu'un ou deux chiffres dans la dernière tranche, le nombre des tranches sera égal à celui des chiffres de la racine.

2° *Détermination des chiffres de la racine.*

1er *Cas.* — La démonstration est évidente.

2e *Cas.* — Si l'on forme le cube d'un nombre composé de dizaines et d'unités, de 23, par exemple, et qu'on mette en évidence les produits partiels, ce qui peut se faire facilement en multipliant les parties du carré de 23 par 20, et puis par 3, on a :

Le carré de 23 est égal à $(20)^2 + 2 \times 20 \times 3 + 3^2$. Cette valeur, multipliée par 20, donne $(20)^3 + 2 \times (20)^2 \times 3 + 3^2 \times 20$. La multiplication par 3 donne $(20)^2 \times 3 + 2 \times 20 \times 3^2 + 3^3$. La somme de ces deux produits ou le cube de 23 est donc égal à $(20)^3 + 3 \times (20)^2 \times 3 + 3 \times 20 \times 3^2 + 3^3$. Le cube de 23 contient donc :

1° Le cube des dizaines ou $(20)^3$;

2° Le triple produit du carré des dizaines par les unités, ou $3 \times (20)^2 \times 3$;

3° Le triple produit des dizaines par le carré des unités, ou $3 \times 20 \times 3^2$;

4° Le cube des unités, ou 3^3.

On trouverait les mêmes parties dans un cube quelconque.

Soit maintenant à extraire la racine cubique de 12167 (c'est le premier exemple ci-dessus) ; ce nombre se décomposant en deux tranches, sa racine a par conséquent deux chiffres, des dizaines et des unités ; il contient donc, ainsi qu'on l'a vu, quatre parties. Le cube des dizaines est un nombre de mille qui ne peut se trouver que dans les douze mille du nombre proposé. Or, 12 est compris entre deux nombres consécutifs 8 et 27. Le nombre 12000 ou 12167 est donc compris entre 8000 et 27000, et par suite la racine tombe entre celle de 8000 et celle de 27000, ou entre 20 et 30, et se compose de deux dizaines et d'un certain nombre d'unités. On voit par là que le chiffre 2 des dizaines de la racine est la racine du plus grand cube contenu dans les mille du nombre proposé.

Posons 2 à la racine, retranchons son cube 8 des mille du nombre proposé; le reste 4167 ne contiendra plus que les trois autres parties de la racine.

Le triple produit du carré des dizaines par les unités est nécessairement un nombre de centaines qui ne peut se trouver que dans les 41 centaines du reste ; on peut donc séparer les deux derniers chiffres de ce reste. Si donc on forme le carré 4 des dizaines, qu'on le multiplie par 3, ce qui donne 12, et qu'on divise 41 par 12, on obtiendra pour quotient le chiffre des unités ou un chiffre trop fort, attendu que parmi ces 41 centaines il peut s'en trouver qui proviennent des deux dernières parties du cube. 41 contient 12, 3 fois. Pour essayer le chiffre 3, on le porte à la racine, puis on fait le cube de 23, on le retranche du nombre proposé. Le reste étant nul, montre que 23 est la racine exacte de 12167.

Si la soustraction n'avait pu se faire, c'eût été une preuve que le chiffre 3 était trop fort ; la raison est évidente. Si le reste n'eût pas été moindre que le triple carré de la racine , plus le triple de cette racine plus un , le chiffre trouvé eût été trop faible, parce que la différence entre les cubes de deux nombres entiers consécutifs, comme il est facile de le voir, est égale au triple carré du premier nombre, plus le triple de ce nombre, plus l'unité. Si donc le reste égale ou surpasse la différence des cubes du nombre trouvé et du nombre plus fort d'une unité, c'est que ce dernier nombre ou un nombre plus fort est la racine cherchée.

3e *Cas.* — Si le nombre donné a trois tranches, sa racine aura trois chiffres; mais on peut la considérer comme composée de dizaines et d'unités, les dizaines étant exprimées par un nombre de deux chiffres. Pour avoir ces dizaines, il n'y a donc qu'à extraire la racine cubique des deux premières tranches à gauche, en suivant la méthode qui vient d'être démontrée. L'opération doit évidemment être continuée comme à l'ordinaire.

Quand le nombre proposé a 4, 5, 6... tranches, on raisonne d'une manière analogue.

EXTRACTION DE LA RACINE CUBIQUE DES NOMBRES DÉCIMAUX.

121. MÉTHODE. — L'extraction de la racine cubique des nombres décimaux se fait comme celle des nombres entiers ; seulement, quand le nombre des chiffres décimaux n'est pas un multiple de 3, on écrit à la droite du nombre proposé un ou deux zéros, selon qu'il sera nécessaire, pour rendre le nombre des décimales divisible par 3 ; puis on fait l'opération, en ayant soin de séparer sur la droite de la racine trois fois moins de décimales qu'il n'y en a dans le nombre proposé.

Exemple. La racine cubique de 0,012167 est 0,23, et celle de 0,3456 est 0,70.

$$
\begin{array}{lll}
\begin{array}{l}
0,2\,3 \\
0,2\,3 \\
\hline
6\ 9 \\
4\ 6 \\
0,0\ 5\ 2\ 9 \\
\hline
0,2\ 3 \\
\hline
1\ 5\ 8\ 7 \\
1\ 0\ 5\ 8 \\
\hline
0,0\ 1\ 2\ 1\ 6\ 7
\end{array}
&
\begin{array}{l|l}
0,012.167 & 0,23 \\
8 & \overline{1\ 2} \\
\hline
4\ 1.67 & \\
0,0\ 1\ 2167 & \\
0.0\ 1\ 2167 & \\
\hline
.,.\ .\ .\ .\ .0 &
\end{array}
&
\begin{array}{l|l}
0,345.6\ 00 & 0,70 \\
2\ 6.00 & \overline{147} \\
\end{array}
\end{array}
$$

DÉMONSTRATION. — 1° Il est nécessaire de rendre divisible par 3 le nombre des décimales du nombre proposé. En effet, si l'on forme le cube d'un nombre décimal quelconque, on aura au produit trois fois plus de décimales qu'il n'y en a dans la racine. Conséquemment, le nombre des chiffres décimaux d'un nombre dont on cherche la racine cubique doit être divisible par 3, et on le rend tel par l'addition des zéros nécessaires qui d'ailleurs n'en changent pas la valeur.

2° La racine aura trois fois moins de décimales que le nombre proposé ; cela résulte évidemment de ce qui vient d'être dit.

EXTRACTION DE LA RACINE CUBIQUE DES FRACTIONS.

122. MÉTHODE. — Pour extraire la racine cubique d'une fraction, il faut extraire séparément la racine cubique du numérateur et celle du dénominateur. Les racines sont respectivement le numérateur et le dénominateur de la racine demandée.

Exemple.
$$\sqrt[3]{\frac{64}{125}}=\frac{\sqrt[3]{64}}{\sqrt[3]{125}}=\frac{4}{5}$$

Si le dénominateur n'est pas un cube parfait, on multiplie préalablement les deux termes de la fraction par le carré du dénominateur, et l'on extrait la racine cubique de la fraction transformée.

Exemple.
$$\sqrt[3]{\frac{2}{3}}=\sqrt[3]{\frac{2\times9}{3\times9}}=\frac{\sqrt[3]{18}}{\sqrt[3]{27}}=\frac{\sqrt[3]{18}}{3}$$

La racine cubique d'un nombre entier joint à une fraction est celle du nombre fractionnaire équivalent.

Exemple.
$$\sqrt[3]{2\tfrac{1}{8}}=\sqrt[3]{\tfrac{17}{8}}$$

DÉMONSTRATION. — Si l'on forme le cube d'une fraction, on voit que le numérateur du cube est le cube du numérateur de la racine, et que le dénominateur est également le cube du dénominateur de la racine.

APPROXIMATION DE LA RACINE CUBIQUE.

123. Pour calculer la racine cubique d'un nombre entier à moins d'une unité d'un ordre décimal quelconque, on écrit à la suite du nombre proposé autant de tranches de trois zéros qu'on veut de décimales, et puis on fait l'opération comme à l'ordinaire.

124. Si l'on veut une approximation à moins d'une demi-unité d'un ordre décimal quelconque, on ajoute autant de tranches de trois zéros plus une qu'on veut de décimales à la racine, et l'on se comporte ensuite comme il a été dit plusieurs fois déjà.

* 125. Pour déterminer la racine cubique d'un nombre entier à moins d'une fraction donnée dont le numérateur est l'unité, on convertit ce nombre en une fraction équivalente ayant pour dénominateur le cube du dénominateur de la fraction donnée, et puis l'on extrait la racine cubique de l'expression fractionnaire résultante.

126. Si l'on veut trouver la racine cubique d'une fraction à moins d'une unité d'un ordre décimal déterminé , on calcule le quotient du numérateur par le dénominateur avec le triple du nombre des décimales qu'on veut obtenir à la racine, et l'on cherche la racine cubique de ce quotient. On calculerait le quotient avec trois décimales de plus, si l'on voulait approcher de la racine à moins d'une demi-unité d'un ordre décimal déterminé.

* Racines de degrés supérieurs.

1° Racine dont l'indice ne contient que les facteurs 2 et 3.

127. MÉTHODE. — Quand le degré d'une racine est un nombre qui ne contient que les facteurs 2 et 3, il est facile d'obtenir cette racine en extrayant seulement des racines carrées et des racines cubiques On extrait autant de racines carrées ou cubiques que le facteur 2 ou 3 est contenu de fois dans l'indice.

Exemples. Pour avoir la racine 6e de 64, on cherche la racine carrée de 64 qui est 8, et la racine cubique de 8 qui est 2. La racine demandée est 2.

La racine 4e de 81 s'obtient en extrayant la racine carrée de 81 qui est 9, et la racine carrée de 9 qui est 3.

La racine 9e de 512 n'est autre que la racine cubique de 8, racine cubique de 512 ou 2.

DÉMONSTRATION. — Soit le premier exemple ci-dessus. Si l'on élève 2 à la sixième puissance, on a : 2.2.2.2.2.2. Ce produit est évidemment égal à (2.2.2) × (2.2.2) ; ou bien à (2.2) × (2.2) × (2.2). Dans le premier cas, (2.2.2) est la racine carrée de 2^6, et ensuite 2 est la racine cubique de (2.2.2); dans le second cas, (2.2) est la racine cubique de 2^6 et 2 est la racine carrée de (2.2), ce qui justifie la méthode indiquée.

2º *Racine dont l'indice est un nombre premier.*

128. MÉTHODE. — On forme d'abord une table qui contienne les puissances du degré demandé des 9 premiers nombres ; après cela, à partir de la droite, on partage le nombre en tranches d'autant de chiffres qu'il y a d'unités dans l'indice à la racine ; la dernière tranche peut être incomplète ; on cherche ensuite la plus forte puissance comprise dans la première tranche à gauche dont on pose la racine à la place ordinaire, et l'on retranche la puissance de la tranche qui l'a fournie ; à côté du reste, on abaisse la tranche suivante, dont on sépare sur la droite autant de chiffres qu'il y a d'unités moins une dans l'indice de la racine, et l'on divise la partie à gauche de ce nombre par le produit de la puissance de la racine trouvée inférieure d'une unité au degré de la racine, multipliée par le nombre qui indique ce degré. Le quotient étant porté à la racine, on élève toute la racine à la puissance de même degré que l'indice, et après avoir retranché cette puissance des tranches qui ont servi, on abaisse à côté du reste la tranche suivante, et l'on opère comme précédemment.

Exemple. La racine 5ᵉ d'un nombre 6436343.

$$
\begin{array}{ll|l}
64.36343 & & 23 \\
32 & & \\
\hline
323.6343 & & 80 \qquad 2^4 \times 5 = 80 \\
6436343 & & \qquad\quad 23^5 = 6436343 \\
6436343 & & \\
\hline
0 & &
\end{array}
$$

DÉMONSTRATION. — Il est facile de voir que si l'on élève à une puissance quelconque un nombre composé de dizaines et d'unités, le résultat se composera de parties dont la première est la puissance de même degré des dizaines, et dont la seconde est le produit de la puissance inférieure d'une unité des dizaines, multipliée par les unités et par le degré de la puissance. La démonstration sera donc analogue à celle qui a été donnée pour les racines cubiques.

3º *Racine dont l'indice est un nombre quelconque.*

129. MÉTHODE. — On décompose l'indice en facteurs premiers, et l'on extrait successivement autant de racines qu'il y a de facteurs premiers.

Exemple. La racine 42e d'un nombre s'obtient en extrayant la racine carrée de ce nombre, puis la racine cubique du résultat, enfin la racine 7e de la racine précédente.

Démonstration. — Elle est la même que celle du n° 127.

CHAPITRE QUATRIÈME.

—

RAPPORTS ET PROPORTIONS.

130. Rapports. — On appelle *rapport* ou *raison*, le résultat de la comparaison de deux quantités.

L'excès d'un nombre sur un autre est leur *rapport par différence* ou leur *rapport arithmétique*.

Le quotient de la division d'un nombre par un autre est leur *rapport par quotient* ou leur *rapport géométrique*.

131. Proportions. — Une *proportion* est l'expression de l'égalité de deux rapports de même nature ; elle est *arithmétique* ou *géométrique*, suivant que les rapports qu'elle contient sont arithmétiques ou géométriques.

Les quatre nombres qui forment une proportion portent le nom de *termes*.

Le premier et le troisième terme sont les *antécédents* ; le second et le quatrième sont les *conséquents*.

Le premier et le quatrième portent encore le nom d'*extrêmes*; le second et le troisième sont les *moyens*.

Une proportion est *continue* quand les deux moyens sont égaux. Le moyen porte le nom de *moyenne-arithmétique* ou de *moyenne-proportionnelle*, selon que la proportion est arithmétique ou géométrique.

Une proportion s'énonce en plaçant les mots *est à* entre les deux termes de chaque rapport, et le mot *comme* entre les deux rapports.

Pour écrire une proportion-arithmétique, on place un point entre les deux termes de chaque rapport, et deux points entre les deux rapports.

Exemple. La proportion 8 est à 6 comme 5 est à 3, s'écrit : 8 . 6 ∶ 5 . 3. Elle exprime que la différence 8—6 est égale à la différence de 5—3 , ou que $8-6=5-3$.

La proportion-arithmétique continue, par exemple, 8 . 6 ∶ 6 . 4, s'écrit ordinairement comme il suit : ÷ 8 . 6 . 4 , et on l'énonce ainsi : 8 est à 6 comme 6 est à 4.

Pour écrire une proportion-géométrique, on place deux points entre les deux termes de chaque rapport, et quatre points entre les deux rapports.

Exemple. La proportion 8 est à 4 comme 6 est à 3, s'écrit : 8 ∶ 4 ∶∶ 6 ∶ 3. Elle exprime que le quotient $\frac{8}{4}$ est égal au quotient $\frac{6}{3}$, ou que $\frac{8}{4}=\frac{6}{3}$.

Une proportion-géométrique continue, par exemple, la proportion continue 8 est à 4 comme 4 est à 2, s'écrit : ∺ 8 ∶ 4 ∶ 2.

Équidifférences.

132. Une proportion-arithmétique porte ordinairement le nom d'*équidifférence*.

133. PROPRIÉTÉ FONDAMENTALE. — *Dans toute équidiffé-rence , la somme des extrêmes est égale à la somme des moyens.*

Soit la proportion   8 . 6 ∶ 5 . 3 ;
elle exprime que $8-6=5-3$.

En ajoutant de part et d'autre la somme des conséquents, il vient : $8-6+6+3=5-3+6+3$.

Dans le premier membre, les termes 6—6 se détruisent ; dans le second, 3—3 se détruisent aussi, et il reste :

$$8+3=5+6.$$

Réciproquement , *si quatre nombres sont tels que la somme des deux premiers soit égale à la somme des deux autres, ces quatre nombres forment une équidifférence dont les deux premiers sont les extrêmes et les deux derniers les moyens.*

En effet, soit l'égalité $8+3=5+6$.

Retranchant, de part et d'autre, 6 et 3, il vient :

$$8+3-3-6=5+6-3-6,$$

égalité qui revient à $\qquad 8-6=5-3$.

Ce qui donne la proportion

$$8 . 6 \overset{.}{.} 5 . 3 .$$

Il résulte de la propriété fondamentale que dans une équidifférence continue, la moyenne-arithmétique est égale à la demi-somme des extrêmes. En effet, la proportion

$$8 . 6 \overset{.}{.} 6 . 4 \quad \text{donnant} \quad 8+4=6+6=6\times2,$$

il est évident qu'on a $\qquad 6=\dfrac{8+4}{2}$

Nous ne parlerons pas des autres propriétés des équidifférences.

Proportions.

134. Les proportions géométriques ou par quotient se désignent ordinairement par le nom de *proportions.*

PROPRIÉTÉS DES PROPORTIONS GÉOMÉTRIQUES.

135. 1° PROPRIÉTÉ FONDAMENTALE. — *Dans toute proportion géométrique, le produit des extrêmes est égal au produit des moyens.*

En effet, soit la proportion $8 \overset{.}{.} 2 \overset{..}{..} 12 \overset{.}{.} 3$.
Elle peut s'écrire ainsi : $\quad \frac{8}{2}=\frac{12}{3}$.

En réduisant ces fractions au même dénominateur, on a :

$$\frac{8\times3}{2\times3}=\frac{12\times2}{3\times2}$$

Puisque ces fractions sont égales et qu'elles ont le même dénominateur, les numérateurs doivent donc être égaux, et l'on a ainsi : $\qquad 8\times3=12\times2.$

2° Réciproquement, *si le produit de deux nombres est égal au produit de deux autres, ces quatre nombres forment une proportion géométrique où l'un des produits est celui des extrêmes et l'autre celui des moyens.*

Soit les deux produits $6 \times 3 = 9 \times 2$.

Si on les divise par le produit des deux plus faibles nombres qui entrent dans chacun d'eux, ou bien par 2×3, on aura :

$$\frac{6 \times 3}{2 \times 3} = \frac{9 \times 2}{3 \times 2}$$

ou (en réduisant ces fractions à leur plus simple expression)

$$\tfrac{6}{2} = \tfrac{6}{3},$$

ce qui n'est autre chose que la proportion

$$6 : 2 :: 9 : 3.$$

3° *On peut faire subir à une proportion huit changements,* dans lesquels le produit des extrêmes égale le produit des moyens, et qui sont par conséquent de véritables proportions.

$$
\begin{array}{rrrr}
\text{Exemple.} & 8 : 2 :: 12 : 3 \\
& 8 : 12 :: 2 : 3 \\
& 2 : 8 :: 3 : 12 \\
& 2 : 3 :: 8 : 12 \\
& 12 : 8 :: 3 : 2 \\
& 12 : 3 :: 8 : 2 \\
& 3 : 2 :: 12 : 8 \\
& 3 : 12 :: 2 : 8
\end{array}
$$

4° *Si deux proportions ont un rapport commun, les deux autres rapports forment une proportion.*

En effet, deux rapports égaux à un troisième sont égaux entr'eux et forment conséquemment une proportion.

Exemple. Les proportions

$$8 : 4 :: 6 : 3, \quad 10 : 5 :: 6 : 3,$$

donnent $\qquad\qquad 8 : 4 :: 10 : 5.$

5° *Si deux proportions ont les mêmes antécédents ou les mêmes conséquents, les quatre autres termes forment une proportion.*

En effet, en transposant les moyens, on obtient deux proportions qui ont un rapport commun.

Exemple. Soient les proportions

$$8 : 4 :: 12 : 6,$$
$$8 : 2 :: 12 : 3.$$

En transposant les moyens, on a :

$$8 : 12 :: 4 : 6,$$
$$8 : 12 :: 2 : 3.$$

Donc, d'après 4°, $\quad 4 : 6 :: 2 : 3.$

6° *On peut multiplier ou diviser un extrême et un moyen par un même nombre, sans que la proportion cesse d'exister;* car, dans la nouvelle proportion, le produit des extrêmes est égal à celui des moyens.

Exemple. Soit la proportion

$$8 : 4 :: 12 : 6;$$

elle donne $\qquad 8 : 4 \times 5 :: 12 : 6 \times 5;$

car, puisque $\qquad 8 \times 6 = 12 \times 4,$

on a évidemment $\quad 8 \times 6 \times 5 = 12 \times 4 \times 5.$

De même, $\qquad 8 : \frac{4}{2} :: 12 : \frac{6}{2};$

car, puisque $\qquad 8 \times 6 = 12 \times 4,$

on a $\qquad 8 \times 6 \times \frac{1}{2} = 12 \times 4 \times \frac{1}{2},$

ou $\qquad 8 \times \frac{6}{2} = 12 \times \frac{4}{2}.$

7° *Une proportion étant donnée, il y aura encore proportion si l'on augmente ou si l'on diminue chaque antécédent de son conséquent, ou bien la somme des deux premiers termes est au second comme la somme des deux derniers est au quatrième.*

En effet, la proportion

$$8 : 2 :: 12 : 3$$

peut s'écrire : $\qquad \frac{8}{2} = \frac{12}{3}.$

En ajoutant ou en retranchant l'unité de part et d'autre, il vient : $\quad \frac{8}{2} \pm 1 = \frac{12}{3} \pm 1.$

Et si l'on réduit en une seule fraction chaque membre de cette égalité, on aura enfin,

$$\frac{8\pm 2}{2} = \frac{12\pm 3}{3}$$

ou la proportion $(8\pm 2) : 2 :: (12\pm 3) : 3$.

8° *La somme ou la différence des antécédents est à la somme ou à la différence des conséquents comme un antécédent est à son conséquent.*

Soit la même proportion

$$8 : 2 :: 12 : 3.$$

Si l'on change les moyens de place, il vient :

$$8 : 12 :: 2 : 3.$$

Si l'on applique à cette proportion la propriété précédente, on a $\qquad 8\pm 12 : 12 :: 2\pm 3 : 3,$

ou bien $\qquad 8\pm 12 : 2\pm 3 :: 12 : 3 ;$

ce qu'il fallait trouver.

9° *Dans une suite de rapports égaux, la somme des antécédents est la somme des conséquents comme un antécédent est à son conséquent.*

Soient les rapports égaux

$$8 : 4 :: 6 : 3,$$
$$6 : 3 :: 10 : 5,$$
$$10 : 5 :: 14 : 7,$$

qu'on écrit aussi :

$$8 : 4 :: 6 : 3 :: 10 : 5 :: 14 : 7.$$

La première et la troisième proportion donnent :

$$8+6 : 4+3 :: 6 : 3,$$
$$10+14 : 5+7 :: 10 : 5.$$

Ces deux proportions ayant un rapport commun, on en tire :

$$8+6 : 4+3 :: 10+14 : 5+7.$$

Cette dernière proportion donne

$$8+6+10+14 : 4+3+5+7 :: 8+6 : 4+3.$$

Celle-ci, comparée à

$$8+6 : 4+3 :: 6 : 3,$$

donne enfin,

$$8+6+10+14 : 4+3+5+7 :: 6 : 3.$$

On donnerait une démonstration analogue s'il y avait un plus grand nombre de proportions.

10° *Si l'on multiplie plusieurs proportions terme à terme, les quatre produits feront entr'eux une proportion.*

Soient les proportions

$$12 : 4 :: 15 : 5,$$
$$7 : 3 :: 14 : 6.$$

On tire de la première $\frac{12}{4}=\frac{15}{5}$; de la seconde $\frac{7}{3}=\frac{14}{6}$. Multipliant $\frac{12}{4}$ par $\frac{7}{3}$ et $\frac{15}{5}$ par $\frac{14}{6}$, les résultats sont évidemment égaux, et l'on a :

$$\frac{12\times7}{4\times3}=\frac{15\times14}{5\times6}$$

ce qui n'est autre chose que la proportion

$$12\times7 : 4\times3 :: 15\times14 : 5\times6.$$

Les rapports de cette nouvelle proportion formée du produit des autres rapports sont dits *rapports composés.*

11° *Les puissances semblables de quatre nombres en proportion forment une nouvelle proportion ;* car, si l'on élève tous les termes à une même puissance, cela revient à multiplier terme à terme la proportion donnée par une suite de proportions identiques.

Exemple. La proportion

$$8 : 4 :: 6 : 3$$

donne

$$8^2 : 4^2 :: 6^2 : 3^2,$$

proportion qu'on obtiendrait en multipliant terme à terme les deux proportions identiques

$$8 : 4 :: 6 : 3,$$
$$8 : 4 :: 6 : 3.$$

12º *Les racines semblables de quatre nombres en proportions forment une nouvelle proportion.*

En effet, soit la proportion

$$8 : 4 :: 6 : 3.$$

Je dis qu'elle donne, par exemple,

$$\sqrt[3]{8} : \sqrt[3]{4} :: \sqrt[3]{6} : \sqrt[3]{3};$$

car, la proportion donnée peut s'écrire ainsi : $\frac{8}{4} = \frac{6}{3}$, ce qui donne :

$$\sqrt[3]{\frac{8}{4}} = \sqrt[3]{\frac{6}{3}} \quad \text{Or,} \quad \sqrt[3]{\frac{8}{4}} = \frac{\sqrt[3]{8}}{\sqrt[3]{4}} \quad \text{et} \quad \sqrt[3]{\frac{6}{3}} = \frac{\sqrt[3]{6}}{\sqrt[3]{3}}$$

$$\text{Donc,} \quad \frac{\sqrt[3]{8}}{\sqrt[3]{4}} = \frac{\sqrt[3]{6}}{\sqrt[3]{3}} \quad \text{ou} \quad \sqrt[3]{8} : \sqrt[3]{4} :: \sqrt[3]{6} : \sqrt[3]{3}.$$

136. Il résulte de la propriété fondamentale que pour trouver un terme d'une proportion, quand on connaît les trois autres, il faut multiplier les moyens entr'eux et diviser le produit par l'extrême connu, si le terme cherché est un extrême. Si ce terme est un moyen, on doit diviser le produit des extrêmes par le moyen connu ; le résultat porte le nom de *quatrième proportionnelle.*

Exemple. Si l'on représente par la lettre x le terme inconnu, la proportion

$$8 : 4 :: 6 : x$$

donne

$$8 \times x = 4 \times 6 ;$$

d'où,

$$x = \frac{4 \times 6}{8} = 3.$$

De même, la proportion

$$8 : 4 :: x : 3$$

donne

$$8 \times 3 = 4 \times x ;$$

d'où,

$$x = \frac{8 \times 3}{4} = 6.$$

137. Dans une proportion continue, la moyenne-proportionnelle est égale à la racine carrée du produit des extrèmes.

Exemple. La proportion continue

$$8 : x :: x : 2$$

donne
$$8 \times 2 = x \times x = x^2.$$

Donc,
$$x = \sqrt{8 \times 2} = 4.$$

138. Un extrème d'une proportion continue s'obtient évidemment, d'après ce qui vient d'être dit, en divisant le carré de la moyenne par l'extrème connu. Le résultat porte le nom de *troisième proportionnelle*.

Exemple. Soit la proportion

$$\div 8 : 4 : x.$$

Puisqu'on a
$$8 \times x = 4 \times 4 = 4^2,$$

il en résulte que
$$x = \frac{4^2}{8} = \frac{16}{8} = 2.$$

CHAPITRE CINQUIÈME.

PROGRESSIONS ET LOGARITHMES.

Progressions arithmétiques.

139. On appelle *progression arithmétique* ou *progression par différence*, une suite de termes tels que la différence entre deux termes consécutifs quelconques est constante. Cette différence s'appelle *la raison de la progression*.

Une progression est croissante ou décroissante, suivant que les termes vont en augmentant ou en diminuant.

Une progression par différence s'écrit ainsi :

$$\div 3 . 5 . 7 . 9 . 11 \ldots$$

On l'énonce : 3 est à 5 comme 5 est à 7, comme 7 est à 9, comme 9 est à 11, etc. Cette progression est croissante.

Les mêmes termes écrits dans l'ordre inverse donnent une progression décroissante

$$\div 11 . 9 . 7 . 5 . 3.$$

Chaque terme est une moyenne arithmétique entre celui qui précède et celui qui suit ; et si l'on prend deux termes quelconques, les termes intermédiaires sont des *moyens arithmétiques* entre les extrêmes.

PRINCIPES SUR LES PROGRESSIONS ARITHMÉTIQUES.

140. D'après ce qui vient d'être dit, le deuxième terme d'une progression arithmetique croissante est égal au premier, plus la raison ; le troisième est égal au second plus la raison, ou au premier terme augmenté de deux fois la raison, et ainsi de suite. Donc, en général, dans une progression arithmétique croissante, *un terme d'un rang quelconque est égal au premier terme, augmenté d'autant de fois la raison qu'il y a de termes avant lui.*

De même, dans une progression arithmétique décroissante, *un terme d'un rang quelconque est égal au premier, diminué d'autant de fois la raison qu'il y a de termes avant lui.*

CONSÉQUENCES DE CES PRINCIPES.

141. Pour insérer un certain nombre de moyens arithmétiques entre deux nombres donnés : 1° on prend la différence entre ces deux nombres ; 2° on divise cette différence par le nombre des moyens à insérer, augmenté de 1 ; le quotient exprime la raison de la progression ; 3° on ajoute successivement la raison au plus petit nombre et aux nombres obtenus, jusqu'à ce qu'on reproduise le plus fort des nombres donnés.

Exemple. Insérer 5 moyens entre 4 et 22. On divise 22—4 par 5+1, c'est-à-dire 18 par 6. Le quotient 3 est la raison de la progression cherchée , et cette progression est

$$\div 4.7.10.13.16.19.22.$$

Les moyens demandés sont donc 7, 10, 13, 16, 19.

142. Si l'on insère successivement un même nombre de moyens arithmétiques entre tous les termes d'une progression, on obtiendra une nouvelle progression.

Exemple. Soit la progression $\div 1.7.13.19$. Si l'on insère deux moyens arithmétiques entre chaque terme, on aura la progression $\div 1.3.5.7.9.11.13.15.17.19$.

143. La somme des termes d'une progression arithmétique est égale à la somme du premier augmenté du dernier, multipliée par la moitié du nombre des termes.

Exemple. La somme des termes de la progression
$$\div 2.5.8.11.14.17$$
est égale à $2+17$, ou 19 multiplié par 3, c'est-à-dire 57.

En effet, soit la progression arithmétique
$$\div 2.5.8.11.14.17.$$
En l'écrivant dans l'ordre inverse, on a:
$$\div 17.14.11.8.5.2.$$
Si l'on ajoute les termes correspondants de ces deux progressions, on obtiendra les sommes partielles $2+17$, $5+14$, $8+11$, etc. L'ensemble de ces sommes partielles sera égal au double de la somme des termes de la progression, et il y aura autant de sommes partielles qu'il y a de termes dans la progression. Or, toutes ces sommes partielles sont égales à la première $2+17$, car dans la seconde, $5=2+3$, et $14=17-3$. Donc, $5+14=2+3+17-3=2+17$, et il en est de même pour les autres sommes. Donc, la somme totale des termes de la progression est égale à la somme du premier augmenté du dernier, multipliée par la moitié du nombre des termes.

Progressions géométriques ou par quotient.

144. Une *progression géométrique* ou *par quotient* est formée d'une suite de termes tels, qu'en divisant chacun d'eux par celui qui précède, le quotient reste constant. Ce quotient est la *raison* de la progression.

Il existe des progressions géométriques croissantes et décroissantes.

Une progression géométrique s'écrit ainsi :

÷ 1 : 2 : 4 : 8 : 16 : 32 : 64, et elle s'énonce : 1 est à 2 comme 2 est à 4, etc. La raison de cette progression est 2.

En renversant les termes de la progression ci-dessus, on obtient une progression géométrique décroissante

÷ 64 : 32 : 16 : 8 : 4 : 2 : 1, dont la raison est $\frac{1}{2}$.

Dans une progression géométrique, chaque terme est une moyenne proportionnelle entre celui qui le précède et celui qui le suit ; et si l'on prend deux termes quelconques, les termes intermédiaires sont des *moyens géométriques* entre les extrêmes.

PRINCIPE SUR LES PROGRESSIONS GÉOMÉTRIQUES.

145. Il résulte de la définition que le deuxième terme d'une progression géométrique est égal au premier multiplié par la raison; que le troisième est égal au second multiplié par la raison, ou au premier terme multiplié par le carré de la raison ; de même le quatrième est égal au premier multiplié par le cube de la raison, et ainsi de suite. En général, *un terme quelconque d'une progression géométrique croissante ou décroissante est égal au produit du premier terme par la raison élevée à une puissance indiquée par le nombre des termes qu'il y a avant lui.*

CONSÉQUENCES DE CE PRINCIPE.

146. Pour insérer un certain nombre de moyens géométriques entre deux nombres donnés : 1º on cherche la raison de la progression qui s'obtient en divisant le plus grand nombre par le plus petit, et en extrayant du quotient la racine du degré marqué par le nombre des moyens à insérer, augmenté de 1 ; 2º on multiplie successivement par la raison le plus petit nombre et les produits obtenus.

Exemple. Insérer trois moyens géométriques entre 2 et 32. On divise 32 par 2, et l'on extrait du quotient 16 la racine 4ᵉ qui est 2. 2 est la raison de la progression. De sorte que cette progression est ÷ 2 : 4 : 8 : 16 : 32, et les moyens demandés sont : 4, 8, 16.

147. Si entre les termes d'une progression on insère un même nombre de moyens géométriques, l'ensemble de tous ces termes fournit une nouvelle progression géométrique.

Exemple. Soit la progression $\div$ 1 : 16 : 256. Si l'on insère trois moyens géométriques entre chaque terme, on aura la progression $\div$ 1 : 2 : 4 : 8 : 16 : 32 : 64 : 128 : 256.

REMARQUE. — Quand le nombre des moyens géométriques à insérer est égal à une puissance de 2 diminuée d'une unité, on trouve ces moyens en prenant successivement une moyenne géométrique entre deux nombres. Ainsi, dans l'exemple qui précède, on insère un moyen géométrique entre 1 et 16, puis entre 16 et 256 ; on obtient ainsi la progression $\div$ 1 : 4 : 16 : 64 : 256. Après cela, en insérant encore un moyen entre chacun des termes de cette dernière progression , on trouve une nouvelle progression $\div$ 1 : 2 : 4 : 8 : 16 : 32 : 64 : 128 : 256. Les moyens insérés sont ainsi : 2, 4, 8, 32, 64, 128.

148. La somme des termes d'une progression géométrique croissante est égale à la différence du produit du dernier terme par la raison, moins le premier terme, divisée par la raison diminuée de l'unité. Soit la progression $\div$ 2 : 6 : 18 : 54 : 162: la somme des termes est égale à

$$\frac{162 \times 3 - 2}{3 - 1} = \frac{484}{2} = 242.$$

En effet, si nous multiplions chaque terme de la progression proposée par la raison 3, ce qui donnera

$$6 + 18 + 54 + 162 + 162 \times 3,$$

nous aurons tous les termes de la progression , excepté le premier. Faisons entrer le premier terme dans cette somme, ce qui se peut facilement sans en troubler la valeur, en l'ajoutant au commencement et en le retranchant à la fin , il viendra :

$$2 + 6 + 18 + 54 + 162 + 162 \times 3 - 2.$$

Or, si de cette dernière somme égale à 3 fois celle des termes de la progression , on retranche une fois cette somme ou les termes de la progression , la différence $(162 \times 3 - 2)$ vaudra 2 fois ou bien $(3 - 1)$ fois cette somme, laquelle égalera par suite

$$\frac{162 \times 3 - 2}{3 - 1}$$

REMARQUE. — La somme des termes d'une progression croissante augmente indéfiniment avec le nombre des termes.

149. Pour calculer la somme des termes d'une progression décroissante par quotient, il faut retrancher du premier terme le produit du dernier par la raison, et diviser le reste par l'excès de l'unité sur la raison. En effet, si l'on multiplie, comme ci-dessus, tous les termes de la progression par la raison, et si l'on retranche ensuite tous ces produits de l'ensemble des termes de la progression, on a pour reste le premier terme moins le dernier multiplié par la raison. Ce reste égale donc une fois la somme des termes de la progression, moins le produit de cette somme par la raison. Pour avoir la somme des termes de la progression, il suffit donc de diviser le reste par l'excès de l'unité sur la raison.

Exemple. La somme des termes de la progression décroissante $\div\!\!\div$ 15 : 10 : $\frac{20}{3}$: $\frac{40}{9}$, dont la raison est $\frac{2}{3}$ et est égale à

$$\frac{15 - \frac{40}{9} \times \frac{2}{3}}{1 - \frac{2}{3}}$$

REMARQUE. — Si l'on prolonge indéfiniment le nombre des termes d'une progression par quotient décroissante, on peut regarder le dernier terme comme nul, puisqu'il est le produit d'une quantité constante par une fraction prise comme facteur un nombre infini de fois, et susceptible par là de donner une puissance moindre que toute quantité donnée. Par conséquent, la somme des termes d'une telle progression converge vers une limite déterminée qui est égale à une fraction dont le numérateur est le premier terme de la progression et dont le dénominateur est l'excès de l'unité sur la raison.

Logarithmes.

150. On appelle *logarithmes* des nombres en progression arithmétique commençant par zéro, qui correspondent terme pour terme à des nombres en progression géométrique commençant par l'unité.

Dans les deux progressions $\div\!\!\div$ 1 : 2 : 4 : 8 : 16 : 32 : 64...
$\div$ 0 . 3 . 5 . 7 . 9 . 11 . 13...
le logarithme de 1 est 0 ; celui de 2 est 3 ; celui de 4 est 5, etc.

151. Supposons que ces progressions se prolongent indéfiniment. Si l'on insère successivement une moyenne géomé-

78   ARITHMÉTIQUE.

trique entre le premier et le second terme, entre le second et le troisième, etc., de la première progression, et si l'on insère de même une moyenne arithmétique entre les termes successifs de la seconde progression, on parviendra à deux progressions renfermant un plus grand nombre de termes. En opérant sur ces nouvelles progressions comme sur les précédentes, et en continuant de la même manière, on obtient successivement de nouvelles progressions dans lesquelles la différence entre deux termes consécutifs pourra devenir moindre que toute quantité donnée. On peut donc concevoir que tous les nombres plus grands que l'unité finiront par faire partie d'une certaine progression géométrique croissante commençant par l'unité, à laquelle correspondra une progression arithmétique croissante commençant par zéro. Donc, *tous les nombres plus grands que l'unité ont des logarithmes.*

Pour comprendre dans la progression géométrique les nombres plus petits que l'unité, on n'a qu'à la prolonger vers la gauche, en divisant d'abord l'unité par la raison, puis le terme obtenu par la raison, et ainsi de suite. Pour avoir les termes correspondants de la progression arithmétique, il faut retrancher successivement la raison ; mais comme la soustraction ne peut se faire, on se contente de l'indiquer par le signe — (*moins*). Les termes affectés de ce signe sont dits *termes négatifs*, par opposition aux autres qu'on nomme *positifs*. Ainsi, les deux progressions ci-dessus deviennent :

$$\div \;\ldots\; \tfrac{1}{32} : \tfrac{1}{16} : \tfrac{1}{8} : \tfrac{1}{4} : \tfrac{1}{2} : 1 : 2 : 4 : 8 : 16 : 32 \ldots$$
$$\div \;\ldots\; -11.\,-9.\,-7.\,-5.\,-3.\,0\,.\,3\,.\,5\,.\,7\,.\,9\,.\,11 \ldots$$

Si l'on suppose les parties descendantes prolongées indéfiniment, en insérant successivement des moyens entre les termes des progressions descendantes, on trouvera que *tous les nombres moindres que l'unité ont des logarithmes.*

152. D'après ce qui a été dit (145), on voit que dans la partie ascendante de la progression géométrique commençant par l'unité, chaque terme est égal à la raison élevée à une puissance marquée par le nombre de termes qui le précèdent.

De même, dans la partie ascendante de la progression arithmétique commençant par zéro, chaque terme est égal à la raison ajoutée autant de fois qu'il y a de termes avant lui (140).

Il résulte de là que l'exposant de la raison dans un terme de la progression géométrique est égal au multiplicateur de la raison dans le terme correspondant de la progression arithmétique.

153. Chaque terme de la partie descendante de la progression géométrique commençant par l'unité est égal à l'unité divisée par la raison élevée à une puissance marquée par le nombre de termes qui le précèdent.

De même, chaque terme de la partie descendante de la progression arithmétique commençant par zéro est égal à la raison soustraite autant de fois qu'il y a de termes avant lui.

Il résulte de là que l'exposant de la raison dans le dénominateur de chaque terme de la progression géométrique est égal au multiplicateur de la raison soustraite dans le terme correspondant de la progression arithmétique.

Nota. Si l'on avait déjà quelques notions d'algèbre, on verrait que l'exposant de la raison dans la progression géométrique est toujours le même que le coefficient de la raison dans la progression arithmétique ; car, dans la partie descendante, l'exposant d'un terme de la première est négatif comme le coefficient de la raison dans le terme correspondant de la seconde.

REMARQUE. — Il est important d'observer que les principes énoncés ci-dessus n'auraient pas lieu, si les progressions ne commençaient pas l'une par l'unité et l'autre par zéro.

De ces principes, il résulte quatre propriétés de logarithmes.

154. PREMIÈRE PROPRIÉTÉ. — *Le logarithme d'un produit de plusieurs nombres est égal à la somme des logarithmes de ces nombres.*

Prenons le cas particulier de deux nombres. Si ces nombres sont dans la partie ascendante, il est clair que la raison sera facteur dans le produit autant de fois qu'elle est facteur dans les deux nombres. Donc, l'exposant de la raison dans le produit sera égal à la somme de ses exposants dans les nombres. Donc (152), le multiplicateur de la raison dans le logarithme du produit sera égal à la somme des multiplicateurs dans les logarithmes des facteurs, ou, en d'autres termes, le logarithme du produit sera égal à la somme des logarithmes des facteurs.

Si les nombres donnés sont dans la partie descendante, l'exposant de la raison dans le dénominateur du produit sera égal à la somme des exposants dans les dénominateurs des facteurs. Donc (153), la raison sera soustraite dans le logarithme du produit autant de fois qu'elle l'est dans les logarithmes des facteurs, ou, en d'autres termes, le logarithme du produit sera égal à la somme des logarithmes des facteurs.

Nota. La somme des deux quantités négatives s'obtient en additionnant les deux quantités, abstraction faite du signe et en mettant le signe — devant le résultat.

Enfin, si un nombre se trouve dans la partie ascendante, et l'autre dans la partie descendante, la raison sera facteur dans le produit autant de fois qu'elle l'est dans un nombre, et diviseur autant de fois qu'elle l'est dans l'autre. Donc, dans le logarithme du produit, la raison de la progression arithmétique sera ajoutée autant de fois qu'elle l'est dans le logarithme d'un nombre, et retranchée autant de fois qu'elle l'est dans le logarithme de l'autre, ou bien la différence des exposants de la raison dans les facteurs sera égale à la différence des multiplicateurs de la raison dans les logarithmes ; et suivant que la plus forte puissance de la raison entrera comme multiplicateur ou diviseur dans le produit, la différence des multiplicateurs dans le logarithme sera positive ou négative. Par conséquent, le logarithme du produit sera encore égal à la somme des logarithmes des facteurs.

Nota. La somme de deux quantités, l'une positive et l'autre négative, s'obtient en retranchant la plus petite de la plus grande sans faire attention aux signes, et en écrivant devant le résultat le signe —, si la quantité négative l'emporte sur l'autre.

Il serait facile d'étendre cette démonstration au produit de plusieurs facteurs.

155. Seconde propriété. — *Le logarithme du quotient de la division de deux nombres est égal à l'excès du logarithme du dividende sur celui du diviseur.*

En effet, puisque le dividende est le produit du diviseur par le quotient, le logarithme du dividende est égal à la somme des logarithmes respectifs du diviseur et du quotient. Par conséquent, on obtiendra le logarithme du quotient en retranchant le logarithme du diviseur de celui du dividende.

156. Troisième propriété. — *Le logarithme d'une puissance quelconque d'un nombre est égal au logarithme de ce nombre multiplié par l'exposant de la puissance.*

En effet, une puissance d'un nombre est le produit d'autant de facteurs égaux à ce nombre qu'il y a d'unités dans l'exposant de cette puissance. Par conséquent, le logarithme de la puissance d'un nombre est égal au logarithme de ce nombre, répété autant de fois qu'il y a d'unités dans l'exposant, ou bien multiplié par l'exposant de cette puissance.

157. Quatrième propriété. — *Le logarithme d'une racine de degré quelconque d'un nombre est égal au logarithme de ce nombre divisé par l'indice de la racine.*

En effet, le nombre dont on cherche la racine est une puissance de cette racine d'un degré marqué par son indice, et le logarithme de ce nombre est égal, comme il vient d'être dit, au logarithme de la racine multiplié par l'indice. Donc, le logarithme de la racine sera égal au quotient du logarithme du nombre par l'indice.

158. De ces quatre principes, il résulte que les calculs de multiplications, divisions, élévations aux puissances, extractions des racines, peuvent être remplacés respectivement par des additions, des soustractions, des multiplications et des divisions. L'usage des logarithmes abrège donc considérablement toutes les opérations qu'on peut faire sur les nombres ; aussi, a-t-on construit des tables où se trouvent les logarithmes des nombres sur lesquels on a à opérer. Nous parlerons des tables de Briggs ou des logarithmes vulgaires.

CONSTRUCTION DES TABLES DE LOGARITHMES DE BRIGGS.

159. On appelle *base d'un système de logarithmes*, le nombre qui a l'unité pour logarithme.

Comme on a fréquemment à multiplier et à diviser par 10, 100, 1000, etc., il a paru utile de prendre 10 pour base du système, et l'on a eu la progression géométrique :

$$\div 1 : 10 : 100 : 1000 : 10000\ldots$$

Dans la progression arithmétique, on a fait entrer la suite naturelle des nombres :

$$\div\ 0 \ . \ 1 \ . \ 2 \ . \ 3 \ . \ 4 \ . \ 5 \ . \ 6\dots\dots$$

Les nombres intermédiaires ont été obtenus au moyen de méthodes qui sont développées dans les parties élevées des mathématiques. Nous allons en indiquer une plus élémentaire qui, bien qu'impraticable à cause de sa longueur, peut, par la seule théorie, faire concevoir la possibilité de l'existence d'une table de logarithmes.

160. En insérant entre les termes de la progression géométrique un nombre de moyens proportionnels qui soit le même pour chaque couple et un égal nombre de moyens arithmétiques entre les termes de la seconde progression, les termes de la nouvelle progression arithmétique seront les logarithmes de ceux de la nouvelle progression géométrique.

Observons que l'on peut insérer des moyens proportionnels en extrayant successivement les racines carrées du produit de deux termes consécutifs de la première progression, et des moyens différentiels en prenant la moyenne-arithmétique entre deux termes consécutifs de la seconde progression.

Supposons maintenant que l'on ait inséré un nombre de moyens tels que deux termes consécutifs diffèrent d'une quantité moindre que toute quantité donnée.

Si dans le nombre immense des termes des deux progressions on ne prend dans la première que les nombres entiers 1, 2, 3, etc., ou du moins des termes qui en diffèrent d'aussi peu qu'on voudra, et dans la seconde que les logarithmes correspondants, on obtiendra une table qui contiendra les nombres entiers consécutifs et leurs logarithmes. Les termes qu'on aura pris ne seront pas, à la vérité, en progression, mais ils pourront toujours être considérés comme appartenant à deux progressions : l'une géométrique, l'autre arithmétique ; de sorte que les propriétés développées plus haut (154-157) pourront encore être appliquées aux nombres de ces deux séries.

161. Il résulte de l'inspection des deux progressions :

$$\div\ 1 : 10 : 100 : 1000 : 10000 : 100000\dots$$
$$\div\ 0 \ . \ 1 \ . \ 2 \ . \ 3 \ . \ 4 \ . \ 5\dots$$

1º Que le logarithme de l'unité est 0

2º Que le logarithme de 10 est 1 ; celui de 100 est 2, etc. ;

3º Que les logarithmes des nombres compris entre 1 et 10 sont moindres que l'unité ; que ceux compris entre 10 et 100 se composent d'une unité et d'une certaine fraction ; que ceux des nombres compris entre 100 et 1000 se composent de deux unités et d'une fraction , et ainsi de suite. Ces fractions sont évaluées en décimales.

En général , la partie entière du logarithme d'un nombre renferme *autant* d'unités moins *une* qu'il y a de chiffres dans le nombre, si ce nombre est entier; ou dans la partie entière de ce nombre, s'il est fractionnaire. Cette partie entière du logarithme se nomme *caractéristique* , parce qu'elle indique l'ordre des plus hautes unités du nombre correspondant à un logarithme donné.

162. Le logarithme d'un nombre étant donné , on obtient celui d'un nombre 10, 100, 1000.... fois plus grand ou plus petit, en ajoutant ou en retranchant à la caractéristique 1, 2, 3... unités.

En effet, représentons par a un nombre dont on connaît le logarithme, on a :

$$\text{Log. } (a \times 10) = \log. \ a + \log. \ 10 = \log. \ a + 1 \ ,$$
$$\text{Log. } (a : 10) + \log. \ a - \log. \ 10 = \log. \ a - 1.$$

De même ,

$$\text{Log. } (a \times 100) = \log. \ a + \log. \ 100 = \log. \ a + 2,$$
$$\text{et } \log. (a \times 10^n) = \log. \ a + \log. 10^n = \log. \ a + n \log. 10 = \log. \ a + n.$$

163. Le logarithme d'un nombre fractionnaire décimal est donc le même, à la caractéristique près, que celui de ce nombre dans lequel on ferait abstraction de la virgule.

Cette propriété est particulière au système du logarithme de Briggs, et c'est ce qui doit faire préférer ce système à tout autre , puisqu'on n'opère le plus souvent que sur des fractions décimales.

164. On n'a mis dans les tables que les logarithmes des nombres entiers jusqu'à une certaine limite ; car , outre qu'il eût été impossible évidemment de prendre tous les nombres imaginables, on peut toujours, comme on va le voir, calculer, à

l'aide des logarithmes des nombres entiers, ceux des autres nombres.

La plupart des tables ne donnent pas la caractéristique des logarithmes, parce que, d'après les considérations développées plus haut (161), on peut toujours la connaître.

L'usage des tables de logarithmes demande qu'on sache résoudre deux problèmes : 1° trouver le logarithme d'un nombre donné ; 2° trouver le nombre correspondant à un logarithme donné.

165. **Premier problème.** — *Un nombre quelconque étant donné, trouver son logarithme.*

1° *Si le nombre est entier*, ou il se trouve dans les tables, ou il en surpasse les limites. *S'il est dans les tables*, on le cherche dans la colonne qui correspond aux nombres ; le logarithme, ou du moins sa partie décimale est écrite auprès.

Exemple. Logarithme $7931 = 3,89933$.

Si le nombre donné surpasse les limites des tables, par exemple si ce nombre est 829643, il suffit de chercher la partie décimale du logarithme. Or, cette partie est la même que celle de 8296,43 (163). On cherche ainsi d'abord le logarithme de 8296 qui est 3,91887 ; puis on examine la différence des logarithmes de 8296 et 8297, différence ordinairement indiquée dans les tables, et qui dans le cas actuel est 5, et l'on dit : *si pour une unité de différence entre les nombres 8296 et 8297 on a 5 cent millièmes de différence entre leurs logarithmes, combien pour 0,43 de différence entre 8296 et 8296,43 aura-t-on de différence entre leurs logarithmes.*

Ou bien $1 : 5 :: 0,43 : x$; d'où, $x = 0,43 \times 5 = 2,15$.

Il faut donc ajouter 2,15 de cent millième au logarithme 3,91887 de 8296 pour avoir celui de 8296,43. Ce logarithme sera donc : 3,91889 (en négligeant les décimales du 6ᵉ et du 7ᵉ ordre), et par suite celui de 829643 sera 5,91889.

Ce qui précède, suppose que la différence entre les nombres est proportionnelle à la différence entre leurs logarithmes. Cette proportion n'est pas rigoureusement exacte ; mais si les nombres sont plus grands que mille, et si leurs différences ne surpassent pas l'unité, l'erreur commise est moindre qu'un cent millième. C'est pour cela que lorsqu'un nombre excède les limites des tables, on ne doit séparer vers sa droite que le moins de chiffres possible.

2º *Si le nombre donné est fractionnaire,* son logarithme s'obtient en retranchant le logarithme du dénominateur de celui du numérateur. Si le logarithme à retrancher est le plus fort, la quantité dont il surpasse l'autre logarithme précédée du signe — est le logarithme demandé ; le logarithme est alors négatif.

Exemple. Le logarithme de $\frac{24}{35}$ est 1,38021—1,54407 , ou bien —0,16386.

3º *Si le nombre donné est décimal,* on cherche d'abord le logarithme du nombre entier qui résulte de la suppression de la virgule dans le nombre proposé, et on diminue ce logarithme d'autant d'unités qu'il y a de chiffres décimaux dans le nombre proposé.

Exemple. Le logarithme de 0,829643 est 5,91889—6, ou— 0,08111.

On donne souvent une autre forme à ce logarithme, en observant que

$$5,91889— 6=5 —6+91889=—1+0,91889 =\overline{1},91889.$$

Dans ce cas, on dit que la caractéristique seule est négative.

166. SECOND PROBLÈME. — *Un logarithme quelconque étant donné, trouver le nombre qui lui correspond.*

1º *Si le logarithme est positif, et si la partie décimale se trouve dans les tables,* le nombre correspondant, sur la gauche duquel on sépare autant de chiffres plus un qu'il y a d'unités dans la caractéristique, est le nombre demandé.

Exemple. Le nombre qui a pour logarithme 5, 29820 est 198700.

2º *Si le logarithme est positif et si la partie décimale ne se trouve pas dans les tables,* on ajoute ou l'on retranche à la caractéristique assez d'unités pour qu'elle corresponde à la partie la plus élevée des tables, et l'on cherche les deux parties décimales qui comprennent la partie décimale restante; puis, à l'aide de la proportion, on calcule ce qu'il faut ajouter au nombre du plus faible logarithme tabulaire pour avoir le nombre demandé ; enfin, on sépare sur la gauche du nombre obtenu autant de chiffres plus un qu'il y a d'unités dans la caractéristique.

1er Exemple. Soit le logarithme 6,96220. En retranchant trois unités à la caractéristique, il devient : 3,96220. Ce logarithme se trouve compris entre 3,96218 et 3,96223, qui sont respectivement les logarithmes de 9166 et 9167. Donc, le nombre cherché est égal à 9166 plus une fraction. Pour obtenir cette fraction, on prend la différence tabulaire 5 et la différence 2 entre le logarithme donné et celui de 9166 ; puis, on établit la proportion :

$$5 : 1 :: 2 : x ; \text{ d'où, } x = \tfrac{2}{5} = 0, 4.$$

Il faut donc ajouter 0,4 à 9166 , et l'on obtient 9166, 4. Enfin, en séparant sur la gauche sept chiffres, parce que la caractéristique donnée est 6, le nombre demandé est approximativement 9166400.

Nous disons *approximativement*, parce qu'on démontre que le nombre de chiffres décimaux qu'il est permis de calculer pour le quatrième terme de la proportion doit toujours être inférieur au moins d'une unité au nombre de chiffres qui composent la différence tabulaire, diminué d'une unité. Ainsi, dans le cas actuel, on n'est certain que de l'exactitude des quatre premiers chiffres. Si ce degré d'approximation n'est pas suffisant, il faudra renoncer à l'emploi des tables ordinaires de logarithmes.

2e Exemple Soit le logarithme 1,89605. En ajoutant deux unités à la caractéristique, on trouve que ce nouveau logarithme est compris entre 3,89603 et 3,89609 , qui sont les logarithmes de 7871 et 7872. Le nombre cherché est donc égal à 7871 plus une fraction. Pour obtenir cette fraction, on prend la différence tabulaire 6 et la différence 2 entre le logarithme donné et celui de 7871, et l'on établit la proportion :

$$6 : 1 :: 2 : x ; \text{ d'où, } x = \tfrac{2}{6} = \tfrac{1}{3} = 0, 3.$$

Ajoutant le quatrième terme à 7871, on obtient 9871,3. Enfin, en séparant deux chiffres sur la gauche, parce que la caractéristique est 1, on a pour le nombre demandé 78, 713.

3º *Si le logarithme est négatif*, on lui ajoute un nombre suffisant d'unités pour qu'il se trouve dans la partie élevée des tables, et le nombre correspondant à ce logarithme, si l'on avance la virgule d'autant de rangs vers la gauche qu'on a ajouté d'unités au logarithme, est le nombre demandé.

Exemple. Le logarithme de — 0,13626 retranché de 4 unités devient 3,986374 qui correspond à 7307. Enfin, si l'on sépare quatre chiffres par la virgule, ce nombre devient 0,7307 qui est le nombre demandé.

4º *Quand la caractéristique seule est négative*, on lui ajoute assez d'unités pour qu'elle devienne positive et se trouve dans la partie élevée des tables. Le nombre correspondant, si l'on avance la virgule d'autant de rangs vers la gauche qu'on a ajouté d'unités à la caractéristique, est le nombre demandé.

Exemple. Soit le logarithme $\overline{1}$,77605. Si l'on ajoute 4 à la caractéristique, il devient 3,77605. Ce logarithme correspond au nombre 5971. Le nombre demandé est donc 0,5971.

Complément arithmétique.

167. Le reste que l'on obtient en retranchant un logarithme de 10, est le *complément arithmétique* de ce logarithme. On indique un complément par les lettres C^t qu'on met devant la première syllabe log. du mot logarithme.

Exemple. Si le logarithme de 2 est 0,30103, on aura :

$$\text{C}^t \log. \ 2 = 10 - 0,30103 = 9,69897.$$

La fin qu'on se propose en faisant usage des compléments arithmétiques, est de remplacer des soustractions par des additions et d'éviter l'emploi des logarithmes négatifs, ce qui abrège beaucoup les calculs par logarithmes.

CHAPITRE SEPTIÈME.

—

APPLICATION DE L'ARITHMÉTIQUE AUX NOMBRES CONCRETS.

—

SYSTÈME MÉTRIQUE.

Le système *métrique* est le système des mesures nouvelles qui ont pour base le mètre.

Le *mètre* est la dix-millionnième partie du quart du méridien terrestre.

Les mesures les plus usuelles sont celles de *longueur*, de *superficie*, de *volume*, de *capacité*, de *poids* et de *valeur*.

Chacune de ces mesures a son *unité principale*, ses multiples, et ses sous-multiples.

Les multiples valent successivement 10, 100, 1000, 10000 fois l'unité principale. Chaque multiple a donc une valeur 10 fois plus forte que celui qui le précède.

Les multiples se désignent par le nom de l'unité principale, précédée de l'un des mots : *déca, hecto, kilo, myria*, qui correspondent respectivement à *dix, cent, mille* et *dix mille*.

Les sous-multiples valent un dixième, un centième et un millième de l'unité principale. Ils ont donc successivement une valeur de dix en dix fois plus faible.

Les sous-multiples se désignent par le nom de l'unité principale, précédée de l'un des mots : *déci, centi, milli*, qui correspondent respectivement à un dixième, un centième et un millième.

Toutes les questions sur les mesures nouvelles peuvent donc se résoudre au moyen des opérations sur les nombres décimaux.

Mesures de longueur. — L'unité de longueur est le *mètre* qui égale, comme il a été dit, la dix-millionnième partie du quart du méridien terrestre.

Les multiples sont : le *décamètre*, l'*hectomètre*, le *kilomètre* et le *myriamètre*, et les sous-multiples sont : le *décimètre*, le *centimètre* et le *millimètre*.

Le myriamètre et le kilomètre servent à évaluer les distances itinéraires.

Mesures de superficie. — L'unité est le mètre carré, c'est-à-dire un carré dont chaque côté a un mètre de longueur.

Les multiples sont : le *décamètre carré*, l'*hectomètre carré*, le *kilomètre carré*, le *myriamètre carré*, et les sous-multiples sont (par exception) : le *dixième de mètre carré*, le *centième de mètre carré*, le *millième de mètre carré*.

Le mètre carré contient 100 décimètres carrés, c'est-à-dire 100 carrés dont chaque côté a un décimètre de longueur ; de même, le décimètre carré contient 100 centimètres carrés, et le centimètre contient 100 millimètres carrés. Pour bien comprendre ces subdivisions, il suffit de jeter les yeux sur la figure ci-contre.

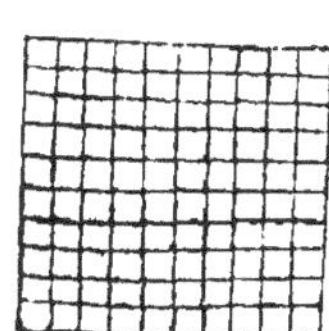

On voit qu'un carré dont chaque côté est partagé en dix parties égales, contient 100 petits carrés dont chaque côté est égal à une des dix parties dans lesquelles le côté du grand carré a été divisé. Si le côté du grand carré est d'un mètre, les petits carrés seront des décimètres carrés. Si le côté du grand carré est d'un décimètre, les petits carrés seront des centimètres carrés.

Quand il s'agit de surfaces agraires, c'est-à-dire de superficie de terrain, l'unité est l'*are*, qui est un carré dont chaque côté vaut 10 mètres.

Les multiples de l'are sont : le *décare*, l'*hectare* et le *myriare*; les sous-multiples sont : le *déciare*, le *centiare* et le *milliare*.

Le décare et le milliare ne sont pas usités.

Mesures de volume. — L'unité est le mètre cube, c'est-à-dire un cube (forme de dé à jouer) dont chaque côté a un mètre de longueur.

Les multiples sont : le *décamètre cube*, l'*hectomètre cube*, etc. Ils ne sont pas usités.

Les sous-multiples sont (par exception) : le *dixième de mètre cube*, le *centième de mètre cube*, le *millième de mètre cube.*

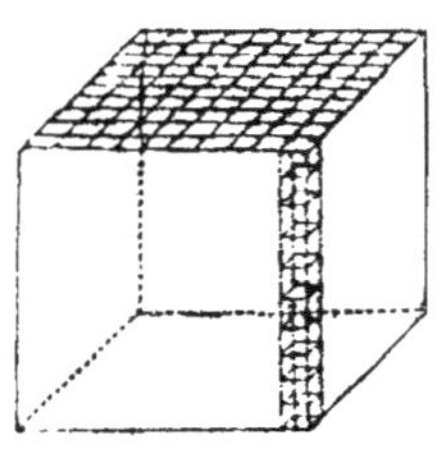

Le mètre cube contient 1000 décimètres cubes , c'est-à-dire mille cubes d'un décimètre de côté. Le décimètre cube contient 1000 centimètres cubes ; le centimètre cube contient 1000 millimètres cubes. Pour comprendre ces subdivisions , il n'y a qu'à jeter les yeux sur la figure ci-contre. On voit qu'un cube contient 100 colonnes , et chacune de ces colonnes 10 cubes, dont le côté est égal à une des divisions d'un côté du grand cube. Il contient donc 100 fois 10 ou 1000 petits cubes.

Ainsi, il ne faut pas confondre le dixième de mètre cube avec le décimètre cube , le centième de mètre cube avec le centimètre cube, etc. Lorsque les mesures de volume s'appliquent au bois de chauffage, le mètre cube prend le nom de *stère.* Le décastère est la seule mesure composée du stère qui soit usitée.

Mesures de capacité. — L'unité est le *litre* , qui n'est autre qu'un décimètre cube.

Les multiples sont : le *décalitre,* l'*hectolitre,* le *kilolitre,* le *myrialitre ;* les sous-multiples sont : le *décilitre* , le *centilitre* et le *millilitre.*

Le kilolitre , le myrialitre et le millilitre ne sont pas usités.

Mesures de poids. — L'unité est le gramme ; c'est le poids dans le vide d'un centimètre cube d'*eau pure* ou *eau distillée* à son maximum de densité.

Les multiples sont : le *décagramme,* l'*hectogramme,* le *kilo-*

gramme et le *myriagramme* ; les sous-multiples sont : le *déci-gramme*, le *centigramme* et le *milligramme*.

Pour les fortes pesées, on compte par *tonneaux* ou par *quintaux*. Le tonneau ou tonne pèse 1000 kilogrammes, et le quintal (métrique) pèse 100 kilogrammes.

Pour les pesées peu considérables, on emploie le kilogramme, l'hectogramme et le décagramme; pour les pesées délicates, on fait usage du gramme et de ses subdivisions.

La loi tolère, pour plus de commodité dans le commerce, le double décagramme, le demi-décagramme, le double hectogramme, le demi-hectogramme, les cinq hectogrammes.

Mesures de valeur ou *monnaies.* — L'unité monétaire est le *franc*; c'est une pièce d'argent alliée à un dixième de cuivre et pesant *cinq grammes*.

On ne fait usage que de deux sous-multiples, dont les noms sont (par exception) : *décime*, c'est-à-dire un dixième, et *centime*, c'est-à-dire un centième de franc.

Les pièces d'or sont aussi alliées au cuivre, qui forme le dixième de leur poids.

La pièce de 20 francs pèse 6 grammes 45161, et son diamètre, c'est-à-dire sa plus grande largeur, est de 21 millimètres. Le diamètre de la pièce de 40 francs est de 26 millimètres.

PROBLÈMES D'ARITHMÉTIQUE.

RÈGLES GÉNÉRALES.

1º On traite par l'addition toutes les questions dans lesquelles il s'agit de réunir en un seul plusieurs nombres qui représentent des quantités de la même nature rapportées à la même unité.

2º On traite par la soustraction toutes les questions dans lesquelles il s'agit de connaître l'excès d'un nombre sur un autre nombre de quantités de la même nature rapportées à la même unité.

3º On traite par la multiplication toutes les questions dans lesquelles on veut connaître la valeur d'un nombre donné de quantités de la même nature rapportées à la même unité, lorsqu'on connaît la valeur d'une de ces quantités.

On voit que le produit ne dépend pas de la nature des unités du multiplicateur, mais qu'il est de celle des unités du multiplicande, et que le multiplicateur doit être envisagé comme un nombre abstrait.

4° On traite par la division toutes les questions dans lesquelles, connaissant la valeur d'un nombre de quantités de la même nature rapportées à la même unité, on veut trouver la valeur d'une de ces quantités. Le quotient est alors de la même nature que le dividende.

La division sert encore à trouver un nombre de quantités de la même nature rapportées à la même unité, connaissant la valeur de ce nombre de quantités et la valeur d'une seule.

EXEMPLES.

Exemple d'addition.— *On veut connaître la dépense totale de l'année, sachant qu'il a fallu* 650 *francs pour la nourriture,* 180 *francs pour le vestiaire,* 150 *francs pour le logement,* 125 *francs pour les pauvres.* — Il est évident qu'on doit additionner les dépenses partielles pour avoir la dépense totale, laquelle sera 1105 francs.

Second exemple.—*Un ouvrier n'a fait que des journées incomplètes pendant une semaine. Lundi, il a travaillé* $^1/_4$ *de jour; mardi,* $^3/_4$ *; mercredi,* $^2/_4$ *; jeudi,* $^3/_4$ *; vendredi,* $^3/_4$ *; samedi,* $^3/_4$*. Combien de jours a-t-il travaillé ?* — Le temps du travail est rapporté à une même unité, $^1/_4$ de jour. Il faut donc faire la somme des numérateurs, et puis indiquer l'unité employée, en donnant au résultat le dénominateur des parties. La somme sera ainsi $^{15}/_4$.

Exemple de soustraction.—*Une maison a coûté* 50425 *francs; on l'a revendue* 48326 *francs ; on veut connaître le gain ou la perte.* — Puisqu'on l'a revendue à un prix inférieur, il y a perte. Cette perte s'obtient donc en retranchant le prix de vente du prix d'achat. Il sera 2099 francs.

Second exemple.—*Un voyageur avait fait les* $^5/_6$ *de sa route; puis, revenant sur ses pas, il en fait les* $^2/_6$*. A quelle distance se trouve-t-il du point de départ ?* — Cette distance s'obtiendra en retranchant 2 de 5, puisque ces parties sont rapportées à une même unité $^1/_6$. Le voyageur sera donc aux $^3/_6$ de la route.

Exemple de multiplication. — *Combien coûteront 35 mètres de drap à 18 francs le mètre?* — Puisqu'un mètre coûte 18 francs, 35 mètres coûteront 35 fois 18 francs. Le multiplicande sera donc 18 francs, le multiplicateur sera le nombre abstrait 35, et le produit ou le prix demandé sera 230 francs.

Exemple de division. — *Si 35 mètres de drap ont coûté 230 francs, quel est le prix du mètre?* — On voit que 230 est le produit du prix du mètre multiplié par le nombre de mètres, d'après ce qui a été dit plus haut. Donc, il suffit de diviser le produit 230 par le facteur connu 35; l'autre facteur sera 18 francs.

Second exemple. — *Si le prix d'un mètre de drap est de 18 francs, combien de mètres aura-t-on pour 230 francs?* — Ici encore 230 francs est le produit du prix d'un mètre par le nombre de mètres. Il suffit donc de diviser 230 par le facteur connu 18. Le quotient 35 sera le nombre de mètres demandé.

RÉDUCTION A LA MÊME UNITÉ.

Dans ce qui précède, nous avons supposé les quantités de même nature rapportées à la même unité. S'il n'en était pas ainsi, avant de faire l'opération, il faudrait les y rapporter; ce qui est très facile, comme on le verra dans les exemples qui suivent.

EXEMPLES.

Exemple d'addition. — *Combien font $^1/_3$ et $^1/_4$?* — On réduit ces fractions au même dénominateur; elles deviennent $^4/_{12}$ et $^3/_{12}$, et sont, par conséquent, rapportées à la même unité. On n'a qu'à additionner $^4/_{12}$ et $^3/_{12}$; ce qui donne $^7/_{12}$.

Second exemple. — *Combien de secondes font 3 minutes et 5 secondes?* — Convertissons les minutes en secondes. Puisque une minute vaut 60 secondes, il suffit de multiplier 60 par 3 : ce qui donne 180 secondes. Les quantités à additionner sont ainsi rapportées à la même unité, et la somme sera 180 secondes, plus 5 secondes, ou 185 secondes.

Exemple de soustraction. —*Combien de secondes font 3 minu-tes moins 20 secondes?* — On convertit les minutes en secondes, et on fait la soustraction comme à l'ordinaire ; ce qui donne 180 secondes moins 20, ou 160 secondes.

Second exemple. — *De combien $\frac{1}{2}$ surpasse-t-il $\frac{1}{3}$?* — On rapporte ces fractions à la même unité ou partie d'unité, en les réduisant au même dénominateur.

Exemple de multiplication. — *Combien coûteront 5 mètres d'étoffe à 4 fr. le centimètre.*—On réduit les 5 mètres en centi-mètres par l'addition de deux zéros, et puis on multiplie 500 par 4 ; ce qui donne 2000 fr. pour le prix des 5 mètres.

Exemple de division. —*Un voyageur fait 72 lieues en 2 jours, combien de lieues ferait-il dans 1 heure ?* — Il faut convertir les jours en heures. Pour cela, on multiplie 24 heures par 2, ce qui donne 48 heures, et l'énoncé du problème revient à ce-lui-ci : si 72 lieues ont été faites en 48 heures, combien de lieues seront faites en 1 heure ? Le temps est ainsi rapporté à la même unité, l'heure. En divisant 72 par 48, on trouve au quotient 1,5 de lieues pour le chemin parcouru pendant 1 heure.

Second exemple. — *Combien coûte la paire d'œufs à 60 c. la douzaine?* — On réduit la douzaine en paires, ce qui se fait en cherchant combien de fois 12 contient 2, et on trouve qu'une douzaine contient 6 paires. En divisant donc 0,60 par 6, on a 10 c. pour le prix de la paire.

QUESTIONS MULTIPLES.

Un très grand nombre de problèmes se traitent par deux opérations successives, une multiplication et une division ; cha-cune de ces opérations a sa raison dans les règles qui ont été données ci-dessus.

Exemple. *Combien coûteront $\frac{4}{5}$ de mètre d'étoffe à 12 fr. le mètre ?*

Ils coûteront 4 fois le 5e de 12 fr. Il faut donc prendre le cinquième de 12 fr. ou diviser 12 fr. par 5, et puis multiplier le quotient fr. 1,40 par 4 ; ce qui donnera fr. 9,40 pour le prix demandé.

Combien coûteront ⁴/₅ de mètre à 4 fr. le ¹/₃ de mètre ?

Puisque le ¹/₃ du mètre coûte 4 fr., le mètre coûtera 3 fois 4 fr. ou 12 fr. Le cinquième coûtera 12 fr. divisés par 5 ou fr. 2,40, et les quatre cinquièmes 4 fois 2,40, ou fr. 9,60.

Les ⁴/₅ du mètre ont coûté fr. 9,60 , quel est le prix du mètre ?

Un cinquième de mètre a dû coûter fr. 9,60, divisés par 4 ou fr. 2,40 ; le mètre ou les cinq cinquièmes coûtera donc 5 fois 2,40 ou 12 fr.

3 ouvriers ont fait 12 mètres d'ouvrage, combien en feront 5 ouvriers ?

5 ouvriers feront 5 fois le travail d'un seul. Or, le travail d'un ouvrier est le tiers du travail de 3 ouvriers ou 12 mètres divisés par 3, c'est-à-dire 4 mètres. 5 ouvriers feront donc 5 fois 4 mètres ou 20 mètres.

On pourrait résoudre de la même manière des problèmes plus compliqués ; mais il est plus simple de faire usage des proportions, qui conduisent d'ailleurs en dernière analyse à des multiplications et à des divisions. — Nous terminerons ce qui regarde les proportions par une règle fréquemment employée.

RÈGLE DES MÉLANGES OU DES MOYENNES.

La règle de mélange est une opération par laquelle on cherche la valeur moyenne de plusieurs sortes d'objets, connaissant le nombre et la valeur particulière de chaque sorte.

Ou bien encore, cette règle a pour but de déterminer les quantités de chaque sorte d'objets qui doivent entrer dans un mélange, connaissant le prix ou la valeur de chaque sorte et le prix ou la valeur totale du mélange. Nous ne parlerons pas de la seconde espèce de règles de mélange ; elle est tout-à-fait du ressort de l'algèbre.

Pour avoir le prix ou la valeur de l'unité de mélange, il faut : 1º multiplier le prix ou la valeur de l'unité de chaque sorte d'objets que l'on veut mêler, par le nombre d'unités de cette sorte, et ajouter tous ces produits ; 2º faire la somme des nombres d'unités des différentes sortes d'objets ; 3º diviser la somme des produits, ou la valeur totale, par la somme des nombres d'unités.

Exemple. *On mêle* 12 *hectolitres de blé à* 13 *francs, avec* 20 *hectolitres à* 18 *francs, quel est le prix d'un hectolitre de mélange?*

1º 12 hectolitres à 13 fr. valent 156 fr.
20 hectolitres à 18 fr. valent 360

La somme de ces produits est 516 fr.

2º Les 12 hectolitres plus les 20 hectolitres font 32.

3º L'hectolitre de mélange vaudra donc $\frac{516}{32}$, ou 16 fr. 13 c., à $^1/_2$ centime près.

Problèmes qui se résolvent par les Proportions.

Deux quantités sont *directement proportionnelles* ou *en raison directe* lorsqu'elles dépendent tellement l'une de l'autre, que si l'une croît ou décroît dans un certain rapport, l'autre croît ou décroît dans le même rapport. Ainsi, *le travail* que font des ouvriers et le *nombre* de ces ouvriers sont des quantités directement proportionnelles, parce que si l'on prend 2, 3 fois *plus* d'ouvriers, le travail sera 2, 3 fois *plus* considérable. De même, le chemin parcouru par un voyageur et le temps employé à le parcourir, le *prix* de certains objets de même espèce et de même valeur et le *nombre* de ces objets, sont des quantités directement proportionnelles ou en raison directe.

Deux espèces de quantités sont *inversement* ou *réciproquement* proportionnelles ou *en raison inverse,* quand l'une d'elles croissant ou décroissant dans un certain rapport, l'autre décroît ou croît dans le même rapport.

Ainsi, le *temps* que mettent des ouvriers pour faire un ouvrage est réciproque ou inversement proportionnel au *nombre* des ouvriers, parce que s'il y a 2, 3 fois *plus* d'ouvriers, il faudra 2, 3 fois *moins* de temps. De même, la *longueur* d'une pièce qui doit contenir une quantité déterminée d'étoffe est réciproque à la largeur, c'est-à-dire que si elle est 2, 3 fois *plus* longue, elle sera 2, 3 fois *moins* large.

Règle de Trois simple.

La seule difficulté que présentent les règles de trois, consiste dans la manière de poser la proportion. Voici deux règles invariables qu'on peut suivre.

Nota. Il est bon d'observer que, dans l'énoncé d'un problème, il y a une *hypothèse* ou une supposition et une *question*. Ainsi, dans l'énoncé du problème suivant : *Il a fallu 7 heures pour faire 12 mètres d'ouvrage, combien faudra-t-il d'heures pour en faire 36 mètres ?* L'hypothèse est qu'il a fallu 7 heures pour faire 12 mètres, et la question le nombre d'heures qu'il faudra pour en faire 36 mètres. Chacune des quantités qui entre dans l'hypothèse a, dans la question, une quantité de la même espèce.

1° Si l'on a reconnu que les deux espèces de quantités contenues dans l'énoncé du problème sont directement proportionnelles, on dit :

La quantité de la première espèce dans l'hypothèse est à la quantité de cette espèce dans la question, comme la quantité de l'espèce de l'inconnue dans l'hypothèse est à l'inconnue.

Exemple. *S'il a fallu 7 heures pour faire 12 mètres d'ouvrage, combien faudra-t-il d'heures pour en faire 36 mètres ?* En représentant les heures inconnues par x, on dit :

12 mètres de l'hypothèse sont à 36 mètres de la question, comme 7 heures de l'hypothèse sont à x heures, ou bien :

$$12 : 36 :: 7 : x ;$$

proportion d'où l'on tire, comme il a été dit en son lieu (136),

$$x = \frac{36 \times 7}{12} = 21 \text{ heures.}$$

2° Si l'on a reconnu que les deux espèces de quantités sont inversement proportionnelles, on dit :

La quantité différente de l'inconnue dans la question est à la quantité de cette espèce dans l'hypothèse, comme la quantité de l'espèce de l'inconnue dans l'hypothèse est à l'inconnue.

7

Cette proportion diffère de la précédente en ce qu'on a renversé le deuxième rapport.

Exemple. 6 robinets ont mis 5 heures à remplir un bassin, combien d'heures faudra-t-il à 2 robinets de la même dimension pour remplir le même bassin ?

On dit : 2 robinets de la question sont à 6 robinets de l'hypothèse, comme 5 heures de l'hypothèse sont à x heures , ou bien :

$$2 : 6 :: 5 : x \,;\ \text{d'où,}\ x = \frac{6 \times 5}{2} = 15.$$

On conçoit , en effet , que 2 robinets donnant 3 fois moins que 6, il leur faudra 3 fois plus de temps.

Règle de Trois composée.

La règle de trois composée se fait au moyen de plusieurs règles de trois simples.

Pour plus de clarté , nous prendrons un exemple.

Si 3 ouvriers travaillant 8 heures par jour ont fait en 5 jours 40 mètres d'ouvrage, combien 4 ouvriers travaillant 7 heures par jour pendant 6 jours feront-ils de mètres du même ouvrage ?

En supposant que les ouvriers de la question travaillent pendant le même nombre d'heures et le même nombre de jours que ceux de l'hypothèse, on a la proportion :

$$3 : 4 :: 40 : x.$$

Les 4 ouvriers auraient donc fait x mètres en 5 jours, en travaillant 8 heures par jour.

Maintenant, pour avoir égard au nombre de jours pendant lesquels ils travaillent , en supposant que ce soit pendant le nombre d'heures de l'hypothèse, on dit :

Si en travaillant 5 jours ils font x mètres , en travaillant 6 jours ils feront y mètres ; ce qui donne la proportion :

$$5 : 6 :: x : y.$$

Enfin, en tenant compte des heures de travail , on dit :

Si en travaillant 8 heures par jour ils font y mètres, en travaillant 7 heures ils feront z mètres, et l'on aura la proportion :

$$8 : 7 :: y : z.$$

Multipliant les trois proportions terme à terme, il vient :

$$3 \times 5 \times 8 : 4 \times 6 \times 7 :: 40 \times x \times y : x \times y \times z ;$$

ou, en supprimant dans les termes du 2e rapport les facteurs communs x, y, on a :

$$3 \times 5 \times 8 : 4 \times 6 \times 7 :: 40 : z ;$$

d'où l'on tire

$$z = \frac{4 \times 6 \times 7}{3 \times 5 \times 8} \times 40 = 56.$$

L'ouvrage demandé est donc de 56 mètres.

REMARQUE. — La fraction $\dfrac{4 \times 6 \times 7}{3 \times 5 \times 8}$, produit des rapports des quantités toutes connues qui entrent dans l'énoncé, porte le nom de rapport composé, et l'on dit que le travail est en raison composée des ouvriers, des jours et des heures.

N. B. Avant de poser les diverses proportions, il faut bien observer si les rapports sont directs ou inverses.

Une règle de trois composée peut se ramener à une règle de trois simple, c'est-à-dire à trois termes. L'exemple ci-dessus pourrait être traité comme il suit :

Trois ouvriers en cinq jours feront 15 journées de travail, lesquelles, à raison de 8 heures par jour, font 120 heures. C'est donc en 120 heures qu'on a fait 40 mètres d'ouvrage.

De même, 4 ouvriers en 6 jours feront 24 journées, lesquelles, à raison de 7 heures, font 168 heures ; il faut donc savoir l'ouvrage qui sera fait en 168 heures, et le problème se réduit à celui-ci :

Si en 120 *heures on a fait* 40 *mètres d'ouvrage, combien fera-t-on de mètres en* 168 *heures?* La proportion

$$120 : 168 :: 40 : x,$$

donne $\qquad x = 56$ mètres d'ouvrage.

Règles d'Intérêt.

On appelle *intérêt* d'une somme, le bénéfice que l'emprunteur paie à celui qui lui a prêté.

L'intérêt de 100 fr. pour un an s'appelle *taux* de l'intérêt. La somme prêtée porte le nom de *capital*.

On appelle *denier*, le nombre par lequel il faut diviser un capital pour obtenir son intérêt annuel ; on l'obtient en divisant 100 par le taux.

L'intérêt est *simple*, quand le capital reste le même pendant la durée du prêt.

Quand l'intérêt se joint au capital pour produire l'année suivante intérêt à son tour, il s'appelle *intérêt composé*.

INTÉRÊT SIMPLE.

Les règles d'intérêt s'opèrent en suivant cette formule générale : *cent est au capital comme le taux multiplié par le temps est à l'intérêt.*

Exemples. *Quels seront les intérêts de 8000 francs à 5 p. %, au bout de 4 années ?*

On pose la proportion

$$100 : 8000 :: 5 \times 4 : x ;$$

d'où, $$x = 1600 \text{ fr.}$$

Quelle est la somme qui, au bout de quatre ans, donnera 1600 francs d'intérêt à 5 p. % ?

On pose la proportion

$$100 : x :: 5 \times 4 : 1600 ;$$

d'où, $$x = 8000.$$

A quel taux faut-il prêter 8000 francs pour avoir 1600 francs d'intérêt au bout de 4 ans ?

On pose la proportion

$$100 : 8000 :: x \times 4 : 1600 ;$$

d'où, $$x = 5.$$

Dans combien d'années 8000 *francs auront-ils produit* 1600 *francs d'intérêt à* 5 p. $^0/_0$?

On pose la proportion

$$100 \,\vdots\, 8000 \,\vdots\vdots\, 5 \times x \,\vdots\, 1600 \,;$$

d'où, $\qquad x = 4.$

Pour connaître l'intérêt d'un capital placé pour un certain nombre de mois ou de jours, on considère les mois comme des douzièmes de l'année et les jours comme des trois cent soixantièmes.

Exemples. Quel sera l'intérêt de 8000 *francs dans* 6 *mois, à* 5 p. $^0/_0$?

Ici le temps sera représenté par $\frac{6}{12}$ de l'année, et la proportion sera

$$100 \,\vdots\, 8000 \,\vdots\vdots\, 5 \times \tfrac{6}{12} \,\vdots\, x \,;$$

d'où, $\qquad x = 200$ fr.

Quel sera l'intérêt de 8000 *francs dans* 45 *jours, à* 5 p. $^0/_0$?

Le temps est $\frac{45}{360}$ de l'année.

La proportion est donc

$$100 \,\vdots\, 8000 \,\vdots\vdots\, 5 \times \tfrac{45}{360} \,\vdots\, x \,;$$

d'où, $\qquad x = 50$ fr.

INTÉRÊT COMPOSÉ.

Le moyen le plus simple de traiter par les proportions les questions d'intérêt composé, consiste à écrire autant de proportions qu'il y a d'années.

Exemple. Combien vaudront 8000 *francs dans* 3 *ans, à* 5 p. $^0/_0$?

Pour savoir ce que valent 8000 francs au bout d'un an, on pose la proportion :

$$100 \,\vdots\, 105 \,\vdots\vdots\, 8000 \,\vdots\, x \,; \text{ d'où, } x = 8400 \text{ francs.}$$

Pour avoir la valeur du capital au bout de deux ans, on pose :

$$100 \,\vdots\, 105 \,\vdots\vdots\, 8400 \,\vdots\, x \,; \text{ d'où, } x = 8320 \text{ francs.}$$

Enfin, pour avoir la valeur du capital au bout de la troisième année, on pose :

$$100 : 105 :: 8820 : x \; ; \text{ d'où, } x = 9261 \text{ francs.}$$

Règle d'Escompte.

L'*escompte* est la retenue qui doit être faite sur le montant d'un billet payable au bout d'un certain temps, et dont on voudrait se faire payer avant son échéance.

Il y a deux sortes d'escomptes. L'*escompte en dedans* est la différence entre la somme portée sur le billet et la valeur de cette somme au moment du paiement anticipé, ou bien c'est l'intérêt de la valeur actuelle du billet pendant le temps qui doit s'écouler avant son échéance.

L'*escompte en dehors* est l'intérêt d'une somme égale à celle qui est portée sur le billet et pour le temps qui doit s'écouler avant son échéance.

L'exemple suivant fera comprendre la différence qui existe entre l'escompte en dedans et l'escompte en dehors.

Un billet de 2120 francs est payable dans un an, quel escompte doit retenir le banquier qui le paie actuellement en comptant les intérêts à 6 p. %?

1º *Escompte en dedans.* — Pour trouver la valeur actuelle du billet, on pose la proportion :

$$106 : 100 :: 2120 : x \; ; \text{ d'où, } x = 2000 \text{ francs.}$$

La différence entre 2120 et 2000, c'est-à-dire 120 francs, est l'escompte demandé.

2º *Escompte en dehors.* — Pour trouver l'intérêt de 2120 francs au bout d'un an, on pose la proportion :

$$100 : 6 :: 2120 : x \; ; \text{ d'où, } x = 127, 20.$$

On voit ainsi que l'escompte en dehors est plus fort que l'escompte en dedans. — En France, on prend toujours l'escompte en dehors.

La règle générale pour trouver l'escompte en dedans pour un certain nombre d'années, consiste dans la proportion :

$$100 + l'escompte\ p.\ \%\times le\ temps : la\ somme\ à\ escompter$$
$$:: l'escompte\ p.\ \%\times le\ temps : x.$$

L'escompte en dehors se calcule au moyen de la proportion suivante :

$$100 : \text{la somme à escompter} :: \text{l'escompte } p. \,{}^0/_0 \times le\ temps : x.$$

Règle de répartition proportionnelle.

La règle de *répartition proportionnelle* est une opération par laquelle on partage un nombre proposé en parties proportionnelles à d'autres nombres donnés.

Pour faire cette opération , on pose autant de proportions qu'il doit y avoir de parts. Le premier terme de chaque proportion est la somme des nombres proportionnels donnés. Le second terme est le nombre à partager, et le troisième un des nombres proportionnels.

Exemple. *Partager* 135 *en trois parties qui soient entr'elles comme les nombres* 4, 3, 2.

On pose les proportions :

$$4+3+2 \text{ ou } 9 : 135 :: 4 : x; \text{ d'où, } x=60$$
$$9 : 135 :: 3 : x; \text{ d'où, } x=45$$
$$9 : 135 :: 2 : x; \text{ d'où, } x=30.$$

Les trois parties demandées sont ainsi : 60, 45, 30, qui, réunies, donnent bien le nombre 135.

Cette manière d'opérer repose sur ce principe que , dans toute proportion, la somme des antécédents est à la somme des conséquents comme un antécédent est à son conséquent.

En effet , l'énoncé de la question fournit ces deux proportions :

$$4 : 3 :: 1^{re} \text{ partie} : 2^e \text{ partie,}$$
$$4 : 2 :: 1^{re} \text{ partie} : 3^e \text{ partie};$$

ou, en transposant les moyens dans ces deux proportions :

$$4 : 1^{re} \text{ partie} :: 3 : 2^e \text{ partie} ,$$
$$4 : 1^{re} \text{ partie} :: 2 : 3^e \text{ partie};$$

ce qui revient à :

$$4 : 1^{re} \text{ partie} :: 3 : 2^e \text{ partie} :: 2 : 3^e \text{ partie};$$

d'où l'on tire :

$$4+3+2 : 1^{re}+2^e+3^e \text{ parties, ou } 135 :: 4 : 1^{re} \text{ partie.}$$

Règles de Société.

La *règle de société* a pour but de partager entre plusieurs associés le bénéfice ou la perte qui résulte de la société. Ce partage doit être fait proportionnellement à la mise de chacun et au temps que la mise est restée dans la société.

1er Cas. — *Lorsque les mises sont placées pendant le même temps,* on trouve la perte ou le gain de chaque associé au moyen de la proportion suivante :

La mise totale ∶ la mise d'un associé ∷ la perte ou le gain total ∶ la perte ou le gain de cet associé.

Exemple. *Trois associés ont mis en société : le premier, 2400 francs ; le deuxième, 3000 francs ; le troisième, 2700 francs ; ils ont gagné 5400 francs. Quel est le gain de chacun ?*
La mise totale étant 2400 francs+3000 francs+2700 francs, ou 8100 francs, on pose les proportions :

$$8100 : 2400 :: 5400 : x; \text{ d'où, } x=1600$$
$$8100 : 3000 :: 5400 : x; \text{ d'où, } x=2000$$
$$8100 : 2700 :: 5400 : x; \text{ d'où, } x=1800.$$

Les parts de gain de chaque associé seront 1600 francs, 2000 francs, 1800 francs, dont la somme est égale à 5400 francs.

2e Cas. — *Lorsque les mises et le temps sont différents,* on réduit le temps à une même unité, et l'on multiplie la mise de chaque associé par le temps pendant lequel elle est restée dans la société. Les produits peuvent être regardés comme étant les mises de chaque associé pendant le même temps. On opère alors sur ces mises comme dans le premier cas.

Exemple. *Deux négociants ont mis en société : le premier 2000 francs pendant cinq mois, le second 3000 francs pendant un an ; le gain a été de 920 francs. Quelle est la part de chacun ?*

Le temps réduit en mois est de cinq mois pour le premier et de douze mois pour le second.

2000 francs placés pendant cinq mois rapporteront autant que cinq fois 2000 francs ou 10000 francs pendant un mois ; de même, 3000 francs pendant douze mois rapporteront autant que douze fois 3000 francs ou 36000 francs pendant un mois. Les mises des associés pendant un même temps seraient donc 10000 francs et 36000 francs, et la somme de ces mises serait 46000 francs.

On peut donc poser les proportions :

$$46000 : 10000 :: 920 : x; \text{ d'où, } x = 200 \text{ francs.}$$
$$46000 : 36000 :: 920 : x; \text{ d'où, } x = 720 \text{ francs.}$$

Les gains des associés sont donc 200 et 720, dont la somme est égale à 920 francs.

Nous croyons inutile de parler de quelques autres règles plus compliquées, vu la facilité que donne l'algèbre pour résoudre toutes les questions qui peuvent s'y rapporter.

FIN DE L'ARITHMÉTIQUE.

TABLE DES MATIÈRES.

FIN DE LA TABLE.

DU MÊME AUTEUR :

www.ingramcontent.com/pod-product-compliance
Lightning Source LLC
LaVergne TN
LVHW011445180726
843503LV00004BA/1545